"十四五"时期国家重点出版物出版专项规划项目

新一代人工智能理论、技术及应用丛书

VGI 数据质量智能评价
方法及其应用

徐永洋　陶留锋　陈占龙　谢　忠　著

科学出版社

北　京

内 容 简 介

志愿者地理信息(VGI)数据质量评价对于确保数据准确性、评估数据价值、推动数据质量改进、促进数据共享与协作,以及支持科学研究与发展等方面都具有重要意义。本书围绕 VGI 数据的特点、怎样理解 VGI 数据、有关地理信息数据质量的描述,以及 VGI 数据智能评价方法进行了全面而深入的研究和探讨。本书致力于系统全面地解释 VGI 数据质量智能评价相关理论与技术,内容丰富广泛,涵盖经典的对象相似性计算方法、场景相似性计算方法、VGI 数据智能评价方法体系,以满足不同应用场景的 VGI 数据质量智能评价应用。

本书可为地理信息科学领域相关从业人员提供丰富的理论与技术学习资料,也可为其他读者认识 VGI 数据质量和 VGI 数据质量智能评价提供参考。

图书在版编目(CIP)数据

VGI 数据质量智能评价方法及其应用 / 徐永洋等著. — 北京:科学出版社, 2025.3. -- (新一代人工智能理论、技术及应用丛书). -- ISBN 978-7-03-080649-9

Ⅰ. TP751

中国国家版本馆CIP数据核字第2024KE2409号

责任编辑:郭 媛 孙伯元 / 责任校对:崔向琳
责任印制:吴兆东 / 封面设计:陈 敬

斜 学 出 版 社 出版

北京东黄城根北街 16 号
邮政编码:100717
http://www.sciencep.com

北京中科印刷有限公司印刷
科学出版社发行 各地新华书店经销

*

2025 年 3 月第 一 版 开本:720×1000 1/16
2025 年 10 月第二次印刷 印张:14
字数:282 000

定价:128.00 元

(如有印装质量问题,我社负责调换)

"新一代人工智能理论、技术及应用丛书" 序

科学技术发展的历史就是一部不断模拟和扩展人类能力的历史。按照人类能力复杂的程度和科技发展成熟的程度，科学技术最早聚焦于模拟和扩展人类的体质能力，这就是从古代就启动的材料科学技术。在此基础上，模拟和扩展人类的体力能力是近代才蓬勃兴起的能量科学技术。有了上述的成就做基础，科学技术便进展到模拟和扩展人类的智力能力。这便是 20 世纪中叶迅速崛起的现代信息科学技术，包括它的高端产物——智能科学技术。

人工智能，是以自然智能(特别是人类智能)为原型、以扩展人类的智能为目的、以相关的现代科学技术为手段而发展起来的一门科学技术。这是有史以来科学技术最高级、最复杂、最精彩、最有意义的篇章。人工智能对于人类进步和人类社会发展的重要性，已是不言而喻。

有鉴于此，世界各主要国家都高度重视人工智能的发展，纷纷把发展人工智能作为战略国策。越来越多的国家也在陆续跟进。可以预料，人工智能的发展和应用必将成为推动世界发展和改变世界面貌的世纪大潮。

我国的人工智能研究与应用，已经获得可喜的发展与长足的进步：涌现了一批具有世界水平的理论研究成果，造就了一批朝气蓬勃的龙头企业，培育了大批富有创新意识和创新能力的人才，实现了越来越多的实际应用，为公众提供了越来越好、越来越多的人工智能惠益。我国的人工智能事业正在开足马力，向世界强国的目标努力奋进。

"新一代人工智能理论、技术及应用丛书"是科学出版社在长期跟踪我国科技发展前沿、广泛征求专家意见的基础上，经过长期考察、反复论证后组织出版的。人工智能是众多学科交叉互促的结晶，因此丛书高度重视与人工智能紧密交叉的相关学科的优秀研究成果，包括脑神经科学、认知科学、信息科学、逻辑科学、数学、人文科学、人类学、社会学和哲学等学科的研究成果。特别鼓励创造性的研究成果，着重出版我国的人工智能创新著作，同时介绍一些优秀的国外人工智能成果。

尤其值得注意的是，我们所处的时代是工业时代向信息时代转变的时代，也是传统科学向信息科学转变的时代，是传统科学的科学观和方法论向信息科学的科学观和方法论转变的时代。因此，丛书将以极大的热情期待与欢迎具有开创性的跨越时代的科学研究成果。

"新一代人工智能理论、技术及应用丛书"是一个开放的出版平台,将长期为我国人工智能的发展提供交流平台和出版服务。我们相信,这个正在朝着"两个一百年"奋斗目标奋力前进的英雄时代,必将是一个人才辈出百业繁荣的时代。

希望这套丛书的出版,能为我国一代又一代科技工作者不断为人工智能的发展做出引领性的积极贡献带来一些启迪和帮助。

前　言

在现代社会中，地理信息系统(geographic information system，GIS)和地理信息科学(geographic information science，GIS)扮演着至关重要的角色。这些技术用于处理、分析和解释各种地理信息数据，帮助人们更深入地理解和解释世界。随着信息技术的迅猛发展，基于位置服务的应用、时空数据知识挖掘、数字地球以及智慧城市建设等相关领域，对传统地理信息数据的采集与处理提出了新的挑战。近年来，随着互联网技术和移动技术的广泛应用以及公众与社区的积极参与，地理信息数据的获取方式和可用性发生了翻天覆地的变化。志愿者地理信息(volunteered geographical information，VGI)数据作为这种背景下的产物，成为现代地理信息领域中备受关注的研究对象。

VGI 的核心在于数据的生产者和消费者一体化，每一个地图用户都可以成为地理信息的贡献者。经过十余年的发展，VGI 逐渐在各行各业中证明了其应用价值，并获得越来越多的关注。然而，VGI 数据的生成方式具有高度复杂性，导致其数据质量问题成为一个重要的研究课题。地理信息不仅是对空间实体位置、形状、大小的描述，还包含了实体之间的关系及其在现实世界中的性质、特征等。因此，确保地理信息数据的质量，尤其是 VGI 数据的质量，是确保其广泛应用和有效性的关键。

本书基于实际应用需求，聚焦 VGI 数据质量智能评价这一核心问题，系统地阐述与 VGI 数据质量评价相关的理论、方法及其应用价值。全书共 9 章，首先从 VGI 数据的基本概念、特点及其数据质量的理论框架出发，深入探讨 VGI 数据质量智能评价的核心方法；随后，详细介绍各类实体"对象-场景"相似性计算、匹配算法、智能评价方法及具体应用场景，结合案例研究展示 VGI 数据质量智能评价在实际应用中的优势与局限。

本书旨在通过对 VGI 数据质量智能评价方法的全面梳理与讨论，为从事 VGI 数据研究和应用的学者及相关从业者提供系统的理论指导与实践参考。同时，本书展望 VGI 数据质量智能评价技术的未来发展方向及应用前景，力图为推动 VGI

领域的进一步研究与应用提供新的思路和启示。为了便于阅读，本书提供部分彩图的电子文件，读者可自行扫描前言二维码查阅。

徐永洋

2024 年 11 月 1 日

部分彩图二维码

目　　录

第1章 VGI 数据理解

在当代社会数字化进程中，地理空间信息技术体系通过其独特的空间数据处理能力深刻影响着各领域发展。其中，地理信息系统(geographic information system，GIS)作为技术工具集，与地理信息科学(geographic information science，GIS)构成了空间信息研究的双支柱，后文将这两者统称为 GIS。然而，这个领域的进步和发展始终依赖所使用地理数据的可用性与质量。近年来，随着互联网技术和移动技术的快速发展及个人与社区的参与，地理数据的范围和可用性发生了翻天覆地的变化。因此，在这样的技术发展及需求背景下，志愿者地理信息(volunteered geographical information，VGI)数据应运而生。每一个地图使用者都可以是地理信息的贡献者。经过十几年的发展，这种生产者和消费者一体化的数据产生模式逐步在各行各业证实了自己的应用价值，并且得到越来越多的关注。然而，由于 VGI 数据生成方式的复杂性，其数据质量也备受关注。

VGI 数据是由个人用户自愿提供的地理信息，包括地理标记、地图数据、评论和其他与地理空间相关的信息。这种由非专业人员产生的数据源具有即时性和多样性，引起了许多提供者、使用者的思考。本章将探讨 VGI 数据的各个方面，从认识 VGI 数据到 VGI 数据的优势及 VGI 数据的贡献；了解和学习 VGI 数据如何在不同领域与应用中发挥作用，又如何改变了 GIS 的面貌。通过深入了解 VGI 数据，读者可以更好地理解这一新兴数据类型的潜力和限制，同时学习如何更好地利用它来解决各种地理问题。

本章的目的是为读者提供关于 VGI 的全面介绍，以便他们能够更好地理解这一领域的概念和原则，了解如何在自己的研究或实践中应用 VGI 数据。探讨 VGI 数据的定义和特征，讨论其与传统 GIS 数据的区别，以及其如何在不同领域中有所贡献。此外，还讨论 VGI 的发展历程及未来的潜力和挑战。通过阅读本章，读者将能够更好地理解 VGI 的核心概念，了解其应用领域，并对其在 GIS 和实践中的价值有更深入的认识。

1.1 认识 VGI 数据

随着信息技术的飞速发展，我们正处在一个数据爆炸的时代。在这股浪潮中，VGI 数据逐渐崭露头角，成为地理信息领域的新宠。那么，究竟什么是 VGI 数据？它又如何影响我们的生活和工作呢？

在了解 VGI 数据之前，首先要理解地理信息的作用。地理信息是指有关地理实体的性质、特征及运动状态的表现和知识，它可以描述来自现实世界的目标，并涉及空间实体的位置、形状、大小及各个不同实体之间的关系。在现代社会中，地理信息不仅对地理学家、城市规划者和环境科学家具有重要意义，而且对每个人来说都至关重要。无论是寻找附近的餐厅、规划旅行路线，还是在灾难发生时快速了解灾情，地理信息都能发挥很大的作用。

地理信息是所有基于位置服务的基础，据不完全统计，超过 80% 的大数据都与地理信息相关[1]。现代基础设施(包括有定位功能的智能移动设备)以及 Web 2.0 等技术的快速发展，给地理空间数据的收集和获取提供了便利。然而，传统的地理信息通常由专业的机构和政府部门生成，因此在某些情况下，信息可能无法满足个人的具体需求。在技术的快速发展之下，地理信息产业与互联网技术产业融合发展将成为当今世界的一个重要趋势[2]，利用互联网技术与地理信息数据结合的众源地理数据应运而生。这些开源的地理数据很多是由非测绘专业的人员基于分享目的自愿提供的[3]，这种共享式众源地理数据称为 VGI 数据[4]。

VGI 代表一种新的地理信息范式，它不再受限于专业领域。这种数据源的崛起在 GIS 领域引起了革命，赋予了个人权利，让每个人都有机会参与地图制作、地理信息的共享和地理知识的丰富。

1.1.1　VGI 数据的概念和特点

VGI 数据是指由个人、社区或组织以自愿方式收集、创建和分享的地理信息数据。这些数据包括地理位置、地理标签、地理描述、地理图片和地理视频等多种形式，通常通过互联网平台和应用程序提交。VGI 的出现彻底改变了地理数据的生态系统，将数据的生产和维护的责任从专业机构扩展到了普通人，从而形成了一个广泛的众包地理信息网络。VGI 数据的特点如下。

(1)用户生成内容：这些数据不是由专业 GIS 机构或政府机构创建的，而是由普通人、志愿者和社区成员生成的。他们可以使用各种设备，如智能手机、平板电脑和全球导航卫星系统(global navigation satellite system，GNSS)接收器来创建这些数据。

(2)开放性：VGI 数据通常是开放的，任何人都可以访问、使用和贡献这些数据。这使得地理信息更加民主化，促进了众包地理信息的发展。

(3)多样性：VGI 数据可以包含各种类型的信息，从地理标记的位置到地理空间的描述，如评论、照片和文本，使 VGI 数据非常丰富且多样化。

(4)即时性：VGI 数据是由志愿者实时生成的，因此可以快速响应事件和变化，从而提供实时或接近实时的地理信息。

(5)社交元素：许多 VGI 平台具有社交互动元素，允许用户共享地理信息、评论和与其他用户互动，从而促进了社交和协作。

VGI 数据可以来自各种渠道，包括社交媒体平台、地图应用、在线协作项目等。用户通常通过在应用程序中添加地理标记或上传照片和评论来生成这些数据。因此，VGI 数据的类型也是多种多样的，包括地点信息（如商店、景点、餐厅）、路线信息、路径信息、地理坐标、文本描述、照片和视频等，这些数据形式可以提供不同维度的地理信息。

地理标记数据是最常见的 VGI 数据形式之一，当人们在社交媒体平台上发布照片或状态更新时，通常会包含有关他们当前位置的地理标记数据，这些数据可以用来创建地理信息图层，显示用户在世界各地的活动轨迹和位置。与其息息相关的是地理标签数据，地理标签是与特定位置或地理要素相关联的文字标签，用户可以在地图上添加标签，描述特定位置的特点、历史或其他信息，这种数据形式可用于地理故事地图和地理旅游。除此以外，还有位置共享数据、评论和评级数据、路况和交通数据、地理事件数据、轨迹数据、地理问卷调查数据、地理游戏数据、地理社交网络数据等各种 VGI 数据形式。

VGI 数据的多种形式丰富了地理信息领域的数据资源，为各种应用提供了新的机遇。从地理标记数据到地理事件数据，这些数据形式不仅帮助我们更好地理解世界，还促进了社交互动、实时监测和城市规划等多个领域的创新。

1.1.2　VGI 数据的发展

VGI 数据的发展历程可以追溯到 21 世纪初，随着互联网技术和移动技术的快速发展，人们开始利用在线社交媒体和地图平台来共享地理信息。早期的VGI 项目包括开放街道地图（OpenStreetMap，OSM），这是一个由志愿者创建和维护的开放地图项目，是 VGI 的典型代表。OSM 由志愿者通过 GPS 轨迹、空中影像、地理信息采集设备创建和编辑地图，该项目吸引了全球范围内的志愿者参与，其地图数据变得越来越丰富。随着时间的推移，VGI 的应用领域不断扩展，包括地图制图、灾害响应、城市规划、生态研究、旅游导航等。VGI还在灾害管理中发挥了关键作用，例如，在地震、飓风和洪水等紧急情况下提供实时信息。

谷歌地图的发布和开放接口使地理信息变得更加容易访问，谷歌地图的用户可以添加地点、评论和照片，这是 VGI 的早期示例之一。谷歌地图成功启发了其他在线地图服务，同时随着社交媒体的普及，人们开始在平台上共享地理信息。Twitter、Facebook、Instagram 等社交媒体平台允许用户在帖子和照片中包含地理标签，从而产生了大量的地理信息。在自然灾害和紧急情况下，人们可以使用VGI 数据提供实时信息，协助救援行动。例如，Ushahidi 是一个在线平台，用于收集和展示危机信息，它在肯尼亚的 2007～2008 年选举危机中获得了广泛应用。

除上述所提及的 VGI 数据在日常生活中的发展与应用外，VGI 数据也逐渐引入学术研究中，包括 GIS、地理空间分析和地理可视化等。研究者开始利用 VGI 数据解决各种地理问题，如城市规划、环境研究、交通管理等。现在，VGI 已经成为 GIS 领域的一个重要研究方向，吸引了学术界、政府机构和商业界的关注[5]。各种在线平台和应用程序，如社交媒体、地图服务、移动应用，都在不同程度上包含了 VGI 数据，这些数据用于多种目的，包括科学研究、商业分析、政策制定等。同时，越来越多的国家和地区开始认可 VGI 数据的潜力，鼓励公众参与地理信息的生成和共享。

随着互联网技术的逐渐成熟和 GIS 专业领域学者能力的日益提升，VGI 数据有望在各个领域继续发挥作用，包括环境监测、城市规划、自然灾害管理、文化遗产保护等。它可以弥补传统 GIS 数据的不足，提供实时和广泛的信息，促进社会参与和知识分享，但是 VGI 数据的质量和可信度仍是一个持续的挑战，如何在众多的 VGI 数据中找到真实、合适的数据，对于使用者和 VGI 数据提供者仍是有待解决的问题。

1.1.3　VGI 数据与传统 GIS 数据的区别

在当今数字时代，地理信息数据的重要性变得前所未有。传统 GIS 一直是地理数据的主要来源，但随着互联网技术和移动技术的飞速发展，VGI 已经崭露头角。VGI 数据代表了一种由普通人自愿生成和分享的地理信息数据的新范式，与传统 GIS 数据相比，二者存在一些重要的区别。

(1) 数据来源：传统 GIS 数据通常由专业机构、政府部门或公司采集和管理，而 VGI 数据由普通人自愿生成。这导致了数据来源的差异，传统 GIS 数据通常受到更严格的质量控制，而 VGI 数据可能更加杂乱和不确定。

(2) 实时性：VGI 数据通常更具实时性，因为可以即时生成和更新，而传统 GIS 数据通常是以定期调查和更新的方式获得的。

(3) 多样性：VGI 数据具有多样性，包括文本、图像、视频等，而传统 GIS 数据通常以表格或矢量文件的形式存在。

(4) 社会参与：VGI 数据侧重于社会参与，由社区成员和个人贡献，反映了更广泛人群的观点和知识。

(5) 开放性：VGI 数据通常更加开放和免费，可供任何人访问和使用。传统 GIS 数据通常受到限制，需要购买或获得许可。

VGI 数据和传统 GIS 数据代表了地理信息数据领域的两种不同范式，各自具有独特的优势和限制。传统 GIS 数据以其高质量、广泛的覆盖范围和长期稳定性而闻名，适用于许多专业领域；而 VGI 数据则以其去中心化、实时性和开放性而引人注目，为灾害管理、社区参与和新兴应用领域提供巨大的潜力。随着技术的不断进步和更多人参与 VGI 数据的生成，可以期待 VGI 数据和传统 GIS 数据在未来的合作与融合，共同推动 GIS 领域的进一步发展。

1.1.4　OSM 简介

1. OSM 数据的定义

OSM 是一个建构自由内容的网上地图协作计划，目标是创造一个内容自由且能让所有人编辑的世界地图，并且让便宜的移动设备也有较好的导航方案。OSM 数据开源可以自由下载使用，同时 OSM 采用 1984 世界大地测量系统(world geodetic system 1984，WGS-84)(EPSG:4326)地理坐标系。

2. OSM 数据的发展

OSM 于 2004 年 7 月由 Coast 在伦敦上大学时建成。Coast 于 2006 年 4 月在英国注册管理 OSM 项目的实体——OpenStreetMap 基金会，该基金会实际上由无酬劳员工组成。其董事会当时有 7 名成员，Coast 本人不再是董事，更多的是作为顾问，鼓励自由地理数据的发展和输出。

2006 年 12 月雅虎允许 OSM 使用该站的航空摄影照片作为编辑的根据。OSM 网站的灵感来自维基百科等网站。这可从该网站地图页的"编辑"按钮及其完整修订历史获知。经注册的用户可上传 GPS 路径并且使用内置的编辑程序来编辑数据。苹果、微软、Foursquare 在内的多家知名公司相继弃用谷歌地图，转而拥抱该平台。截至 2014 年，OSM 约有 150 万名注册编辑，但 2012 年 8 月该平台的注册编辑只有 65 万名左右。当然，跟维基百科一样，OSM 编辑的工作参与程度也不尽相同。

项目启动初期，基本上都是人工操作。虽然现在在一定程度上仍然需要大量的人工，但这些年技术的进步加速了项目的发展。如今，我们有航拍图像，可以将它们覆盖在图片上面。Coast 指出：尽管如此，一些地方依然是使用 GPS 将地点绘制出来，尤其对于还没纳入航拍图像的新建道路。Coast 在微软供职时向 OSM 贡献了所有的航拍图像，OSM 现在仍定期收到这类图像。2013 年，Mapbox 为 OSM 推出了一款更方便的编辑工具 ID，鼓励更多人为该地图平台作出贡献。

地图特征以三种形式呈现，分别是点、线和区域。现在，点可以代表商店、餐馆、纪念碑等；线则代表道路、铁路轨道或者河流；区域则代表特征较为具体的边界，如森林或者农田。单击你想要编辑的地图部分，然后输入重要细节，如建筑名称、街名、驱车方向等诸多会对大众有用的数据。这是 OSM 的基本形成方法，对于多数熟悉其他在线编辑工具的人，掌握起来不用花很长时间。

在线 OSM 作为一个成功且众所周知的案例，是最有代表性的 VGI 应用项目之一[6,7]，已成为公共和商业地理数据提供者的潜在竞争对手，并且拥有超过 280 万名注册会员。作为一个用户生成的在线世界地图，注册用户可对 OSM 进行编辑，并可免费获取完整且实时更新的数据。注册用户既是地理信息的数据生产者，同时也是消费者，这种模式的转变使得用户不受传统地理信息被少数权威部门或者商业机构掌握的限制。此外，OSM 甚至覆盖相对欠发达、人口稀少的地区，这使其成为一种流行且对许多用户有使用价值的数据源。

OSM 作为 VGI 中的成功典范，无论是项目的活跃度、社会影响力、应用范围，还是历史的丰富性，都具有极高的研究价值。城市建筑物数据对城市发展机制分析、为政策制定者提供城市发展计划评估有很大的帮助。随着人工智能(artificial intelligence，AI)、深度学习方法在地理空间信息学中的发展，OSM 已经在数据处理、信息提取以及空间认知等方面取得了成功的应用。

1.2　VGI 数据的优势

由前面可知，VGI 数据的出现解决了地理信息获取的难题。传统的地理信息获取方式成本高、周期长，而 VGI 数据因低成本、高效率的优点，逐渐成为研究和实践的热点。VGI 数据既能描述空间信息又能反映人们的社会活动情况，具备资源、技术和社会等各方面的优势。

VGI 数据由非测绘专业的人员基于分享目的自愿提供，与传统地理信息数据相比，VGI 数据具有更新及时、内容丰富、成本低廉等优点[8,9]。近年来，基于 VGI 的相关应用也备受关注，逐渐成为研究热点。VGI 数据已经广泛应用于从交通规划到应急管理等各个领域[10]。

传统地理信息数据涉及数据收集、处理和数据传播的漫长过程，这一过程需要昂贵的设备和大量的专家。尽管这种方法具有高可靠性、高精度和完整性的优点，但由于生成地理信息数据的过程成本高昂，其使用受到限制[11]。VGI 数据是以人为主导的新地理信息时代的产物。在新地理信息时代，GIS 的应用方式与数据获取来源发生了巨大改变，服务对象从面向少数专业人士扩大至全体大众，并催生了面向服务的新应用。同时，传统 GIS 中的基础地理数据不能满足人们日益增长的空间信息需求(更加完整、更加丰富、更加及时)，公众参与数据采集和分享的过程更为频繁[7]。

1.2.1　VGI 具备的资源优势

VGI 以其独特的优势在当今社会崭露头角。首先，其数据的现势性好，这意味着可以实时获取最新的数据信息，为工作和生活提供最准确、最及时的参考。其次，VGI 能够实现数据的快速获取和信息资源的随时共享，这一点对于信息时代的我们尤为重要，因为我们需要在第一时间获取和分享信息，而 VGI 正可以满足这一需求。无论是政府部门、企业还是个人，都可以通过 VGI 实现数据的快速获取和信息的共享，从而提高工作效率，推动社会发展。最后，VGI 具有出色的互动性，能够使人们快速及时地获得想要的答案。在信息爆炸的时代，我们常被海量的信息所淹没，而 VGI 可以通过其智能化的系统，快速准确地为我们提供最需要的信息。总体来说，VGI 以其独特的优势，为我们提供了快速、准确、实时的数据和信息服务，为生活和工作带来了极大的便利。

随着新地理信息技术的发展，VGI 技术得到了广泛的推广。在经济发达、人口密度高的地方，VGI 的活动使用者数量庞大，而且大家都乐于与他人共享自己看到的和听到的东西，这就在客观上造成了对热门新闻的"二十四小时直播"。另外，VGI 包括了在获取或发送数据时所处的位置信息。VIG 还可以将图像、视频、文本等多种格式整合在一起，这也造就了 VGI 数据海量的特点。

1.2.2　VGI 具备的技术优势

在数据收集方面，通过社会大众的参与，可以快速地对事件进行监控和评估，以便及时准确地处理各类事件。

在数据分析方面，VGI 依托 GIS 在数据管理、空间分析方面的优势，为事件处置工作提供科学、客观、合理的空间决策支持服务。

在信息共享方面，VGI 也打破了以前只为一个单位和一个部门使用的传统，使整个社会都能共享信息。

1.2.3　VGI 具备的社会优势

VGI 平台方便了政府与民众之间的信息交流，逐渐提高了政府工作的公开程度，提高了公众的参与程度。通过 VGI 平台，政府可以进行大量的信息采集，认真听取群众的意见，耐心解答群众的求助，帮助政府从管理到服务的转变。

在应急信息发布系统中引入 VGI 平台。突发事件的出现，是多方面原因造成的，将 VGI 平台引入突发事件的信息发布系统中，可以使应急决策的信息得到及时的传达，扩大了信息服务的覆盖面，可以在公众中塑造一个服务诚实、高效、优质的良好形象[7]。

1.3　VGI 数据的贡献

VGI 数据不仅丰富了地理信息的内容，还为众多领域提供了有力支持。无论是城市规划、灾害预警还是环境保护，VGI 数据都发挥着不可或缺的作用。由于数据完全免费并支持共享，VGI 已经在构建地理空间数据库、专题制图、环境监测、灾害评估、突发事件应急管理等领域掀起了一股应用研究热潮。

VGI 数据代表了一个由社区和个人生成的宝贵地理信息资源，它在 GIS 和实际应用中发挥着越来越重要的作用。VGI 数据在许多领域都有用途，包括城市规划、土地利用、三维重建、灾害管理和旅游导航。一些知名的 VGI 平台包括 OSM、谷歌地图（允许用户添加地点和评价），以及社交媒体平台，如 Instagram 和 Twitter，它们允许用户在地理位置上分享照片和信息。但是需要注意的是，VGI 数据的准确性和质量会因用户的经验与动机而异，一些用户可能提供准确和有用的信息，而有些用户可能出于娱乐、错误或恶作剧的目的提供不准确的数据。因此，在使用 VGI 数据时，需要谨慎考虑数据的来源和质量。

1. 在城市规划相关的研究领域

2010 年 Hollenstein 等利用 Flickr 数据，在寻找都市的中心边界及都市空间格局方面展开了探讨。2019 年 Hoffmanne 等利用 Flickr 数据对不同功能类型的建筑物进行了分类，从而对城市规划有一定的指导意义。2020 年 Ferster 等则利用 Flickr 数据对搜寻共享单车进行了对比分析，为使用者利用 OSM 搜寻共享单车和业界人士根据 OSM 进行开发提供了一定的指导意义。

2. 在土地利用相关的研究领域

2016～2019 年 Fonte 等研究了使用 OSM 数据自动生成土地利用图和土地覆盖图的方法。Schultz 等研究了使用 OSM 数据与遥感数据相融合来实现土地覆盖图生成的方法。2021 年 Ludwig 等利用 OSM 数据及哨兵卫星数据绘制出了城市公共绿地图。2021 年 Forget 等研究了如何制作出位于撒哈拉以南的 OSM 数据和多源遥感影像相融合的非洲地区城市扩张数据集。VGI 数据除了在与 OSM 数据相关方面的研究，在其他方面也应用广泛。2016 年宋宏利等利用在 Geo-Wiki 平台和经纬汇合工程（degree confluence project，DCP）平台获取的 VGI 数据，对土地利用遥感数据进行了分类精度评价，对土地覆盖信息获取方式的选择有一定的参考。2019 年 Zhu 等单独使用 Flickr 数据进行了对城市土地利用情况的跨国绘制，而 2020 年 Terroso-Saenz 等则结合了 Foursquare 数据与 Flickr 数据来实现。

3. 在三维重建相关的研究领域

研究者主要探索了基于 OSM 数据和其他数据源进行三维城市模型生成的方法。例如，2010 年 Over 等通过使用 OSM 数据和来自开放地形的数据，研究了交互式三维城市模型生成的可能性。2011 年 Goetz 等提出了使用 OSM 数据进行室内环境映射的方法，为高细节层次建筑物模型的生成提供了支持。2013 年 Goetz 等进一步探索了基于 OSM 数据的高细节层次建筑物模型的自动化生成方法。2019 年 Bagheri 等结合 OSM 数据和多源遥感数据，实现了基于 VGI 数据的 LOD1 级别建筑物三维重建。2021 年 Fan 结合多源 VGI 数据和用户交互，在不使用遥感数据和点云数据的情况下实现了简单建筑物的低成本、高细节层次三维重建。

4. 在灾害管理相关的研究领域

研究者利用 VGI 数据来支持灾害预警、灾后响应和救援决策等方面的工作。VGI 数据具有数据量充足、现势性好、表现直观等特点，可用于获取与突发事件相关的信息。

例如，2010 年 Poser 等将 VGI 数据应用于快速洪水损失估算，为灾后重建计划提供了指导。2013 年张仁军等根据 VGI 数据分布范围广、实时性强的特点，提出了基于 VGI 数据的灾害预警技术。同样，Crooks 等使用 VGI 数据和其他公开数据源设计模型，以支持灾后响应和救援决策。此外，许多其他研究也利用 VGI 数据来识别洪水风险元素，评估灾后恢复情况并且进行灾害信息收集和分析等工作。

5. 在旅游导航相关的研究领域

研究者主要探索了如何利用 VGI 数据来提升旅游推荐、旅行路线规划和灾后旅游恢复等方面的工作效率。例如，研究者通过对 VGI 图像数据进行多时空尺度分析，发现 VGI 数据对旅游景点的分布情况具有重要作用，为景点推荐和景点规划提供了参考。此外，一些研究还利用 VGI 数据和公共开放数据，评估乡村旅游潜力、监控灾后旅游恢复情况并且设计旅游路线推荐平台等[12]。

第 2 章　理解数据质量

　　VGI 数据作为新兴的地理信息来源，虽然具有巨大的潜力和价值，但也面临着数据质量的问题。VGI 数据的质量直接影响其应用效果和可信度，因此对 VGI 数据质量的评估和控制显得尤为重要。

　　本章首先对数据质量进行概述，然后针对数据质量问题进行一定的探讨。数据质量是一个多维度的概念，它涉及数据的准确性、完整性、一致性等多个方面。接下来，介绍地理信息数据质量，而对于 VGI 数据，由于其生成方式和使用场景的特殊性，数据质量的要求和评估方法也有所不同。在 VGI 数据的生成过程中，由于参与者的多样性和数据更新的及时性，数据的质量往往受到多种因素的影响。例如，参与者的专业水平、观测设备的精度、数据采集的方法等都可能影响 VGI 数据的准确性。同时，由于 VGI 数据的动态更新特性，数据的完整性和一致性也面临着挑战。因此，为了更好地利用 VGI 数据，首先需要对数据质量进行全面的评估和控制。只有确保了数据的质量，才能充分发挥 VGI 数据的优势，为各个领域的研究与实践提供更加准确和可靠的数据支持。

　　本章会针对 VGI 数据中的代表——OSM 数据，对其质量问题进行描述，带大家了解 OSM 数据质量评价内容并探索空间相似性与 OSM 数据质量之间的联系。

2.1　数据质量概述

2.1.1　数据和数据质量的定义

　　数据 (data) 是记录客观事物的数字和符号，如图像、文字、视频、音频等。空间数据主要用来描述空间实体对象的位置分布、形状大小等内容，能够充分表达物质空间中的各种现象，包括空间特征、时间特征和主题特征[13,14]。空间特征是地理空间数据的基础，也是其不同于其他数据独有的特征，主要包括形状、形态等几何特征以及位置分布等空间关系特征；时间特征主要用来描述地理空间实体随时间、空间和主题发生的周期性变化；主题特征是具有地理意义的数据或变量，用来表达地理实体的语义属性信息，以区别于其他地理实体。

　　数据质量是对于应用需求的合适程度[15]或特定用户对数据期望的满意程度[16]。现代质量管理的奠基者 Walter 提出了质量基本原理，并指出这种质量的"变异"

存在于生产过程的每个方面，可以利用抽样与概率等统计的方法来了解和处理。空间数据质量反映了数据与真实值之间的差异度，单次随机误差没有任何确定的规律，但是多次观测总体却具有一定的统计规律。由一些固定因素引起的，具有重复性、单向性、可观测等特性的一类误差定义为系统误差，系统误差可以通过采取一定的措施降低甚至消除。研究空间数据质量有助于数据生产者有针对性地进行数据质量控制，同时也为数据使用者选择自己需要的数据质量提供参考。

随着信息时代的到来，数据成为最宝贵的资产之一，然而数据的质量却是一个至关重要且容易忽视的方面。高质量的数据对于业务决策、战略规划及客户满意度至关重要。数据质量不仅包括数据的准确性，还包括完整性、一致性、时效性和可信度等方面[17]。准确性要求数据与实际情况相符，完整性表示数据没有缺失，一致性要求数据在不同系统或时间点之间保持一致，时效性要求数据能够及时反映当前状态，可信度涉及数据的来源和处理过程是否可信，这些特征共同构成了高质量数据的基本要素。

数据是对现实世界的反映，数据质量是指数据在多大程度上对真实世界的反映。一般来说，如果数据代表的意义与目的不一致，数据就有质量问题。

2.1.2　评价数据质量的相关概念

（1）准确性（accuracy）：数据的准确性是指数据与实际情况的接近程度。准确的数据能够正确地反映所描述的现象、对象或事件。

（2）完整性（completeness）：完整性衡量数据是否包含了所有所需的信息，是否有缺失或遗漏。完整的数据能够提供全面的视图。

（3）一致性（consistency）：一致性是指数据在不同的数据集、数据源或时间点上是否保持一致。相同的实体或现象在不同数据中应该有相同的描述。

（4）时效性（timeliness）：时效性描述了数据的更新速度和数据在特定时间内的有效性。某些应用可能要求数据是最新的，而对于其他应用，时效性则可能没有那么重要。

（5）可信度（credibility）：可信度是指数据是否可靠、可信赖。这包括数据的来源、采集方法和处理过程是否能够产生可信的结果。

（6）精度（precision）：精度描述了数据的精细度和分辨率。高精度的数据更为详细，但可能需要更大的存储容量和更高的处理成本。

（7）可理解性（understandability）：可理解性强调数据是否易于理解和解释。清晰的元数据和良好的文档有助于提高数据的可理解性。

数据质量问题引起了从提供者、使用者到学者，甚至企业、政府在内的各界关注，对数据质量有一个正确的认识并对其进行科学合理的评价，对于数据质量在国民经济、日常生活、学术研究中的作用都是极为重要的。

2.2　数据质量问题

空间数据质量评价是认知地理过程的关键步骤，也是基础地理数据建立、表达和应用过程中的核心技术。空间数据质量通常体现在数据采集、处理和基于数据相关应用的过程中。随着大数据时代的发展，GIS 相关产业应用对地理空间数据质量提出了更高的要求。地理空间数据质量在一定程度上决定了基于空间数据的相关应用效果，但数据质量问题也会严重影响空间数据后续分析及应用的可靠性。Goodchild 针对地理信息数据质量问题，指出当用户发现基于空间数据相关产品提供的服务与现实世界相差较大时，提供服务的公司将会在用户中失去信誉[18]。因此，地理空间数据质量分析研究对发展 GIS、促进相关产业发展有十分重要的意义。

2.2.1　数据质量问题的种类

数据质量问题可以分为多个种类，常见问题如下。

1. 数据准确性问题

数据准确性问题是指数据与真实情况不符，可能由输入错误、系统错误或数据更新不及时等引起。这种问题可能导致错误的分析和决策。

2. 数据完整性问题

数据完整性问题是指数据缺失或不完整，可能由采集过程中遗漏某些信息或数据存储时丢失部分内容引起。不完整的数据可能导致分析的片面性和不全面性。

3. 数据一致性问题

数据一致性问题是指数据在不同系统或不同时间点之间出现矛盾或不一致的情况。这种问题可能由数据同步错误、系统集成问题等引起，可能导致混乱的业务流程和不一致的分析结果。

4. 数据可信度问题

数据可信度问题是指数据的来源不可靠或数据本身被篡改，可能由网络攻击、内部恶意操作等引起。不可信的数据可能导致误导性的分析和决策。

2.2.2　如何评价数据质量

数据质量是数据特征的表达，它可以通过自我学习数据的深层次规律来进行分析。评价数据质量是确保地理信息数据能够有效和可靠地支持各种应用的关键步骤，并且数据质量的评价通常涉及多个方面，包括准确性、精度、一致性、完整性、时效性等。常用的评价方法有演绎推算、内部验证、与原始资料(或更高精度的独立原始资料)对比、独立抽样检查、多边形叠加检查、有效值检查等。经检查应对每个质量元素进行说明，并给出总的评价，最后形成数据质量评价报告[19]。

而对于地图制图，建筑物在地图中多表示为不同形状的多边形，多边形相似性是在建筑物数据质量评价中几何形态精度的直接体现。因此，多边形几何形状相似性度量在基于官方标准矢量数据对数据质量评价过程中起着至关重要的作用。

在进行多边形几何形状相似性度量时，可以采用一系列方法和工具。其中之一是形状匹配算法，它能够比较两个多边形的形状相似性，并给出相似性度量的数值。这样的度量可以用于衡量建筑物在地图中的几何形态精度，从而为数据质量评价提供客观的指标。此外，还可以考虑使用图像处理技术，将建筑物的地理信息数据与高分辨率卫星影像或其他真实世界的图像进行比对。通过比对，可以识别出潜在的几何形状差异，从而更全面地评估数据的质量，这种方法能够为评价报告提供更为翔实和可信的信息。

总体而言，多边形几何形状相似性度量在地理信息数据质量评价中扮演着不可或缺的角色。通过采用先进的算法和技术，可以更准确全面地评估空间数据的几何形态精度，为地图制作和应用提供更可靠的基础。因此，在进行数据质量评价时，应注重多边形几何形状相似性的度量，以确保地理信息数据的高质量和可靠性。

2.3　地理信息数据质量

2.3.1　地理信息数据的发展历程

地理信息数据作为数据中的一个大类，在当今科技化和信息化的潮流中占据越来越重要的地位。GIS 的兴起及卫星遥感技术的不断进步为地理信息数据的获取、处理和应用提供了丰富的可能性，而地理信息数据本身，也经历了模拟化、数字化、信息化、智慧化等几个发展阶段。

首先，地理信息数据的发展始于地图制作[20]。过去，纸质地图是人们获取地理信息的主要途径，其是用于导航、规划和决策的基本工具。然而，随着计算机技术的崛起，数字地图的出现标志着地理信息数据数字化时代的开始。数字地图不仅能够提供基本的空间信息，还能够与其他数据集成，为更复杂的地理分析提供支持。

其次，卫星遥感技术的发展是地理信息数据领域的又一重大进步。卫星能够以高分辨率、广覆盖的方式获取地球表面的信息。这使得人们能够实时监测自然灾害、观察城市扩张、追踪环境变化等。地球观测卫星的发射使地理信息数据不再局限于局部范围，而是能够全球性地获取，为国际合作和全球性问题的解决提供了重要工具。

除此以外，GIS 的广泛应用也推动了地理信息数据的发展。GIS 不仅是一种软件工具，更是一种综合的信息系统，它能够整合、分析、可视化各种地理信息数据。从城市规划到资源管理、从环境保护到灾害应对，GIS 的应用渗透到各个领域，为决策者提供更准确全面的信息支持。例如，在城市规划中，GIS 可以帮助规划者更好地理解城市的空间结构、人口分布和交通流动，从而制定更科学的城市规划方案。

地理信息数据的发展经历了从纸质地图到数字地图，再到卫星遥感和 GIS 的演进过程。这一过程不仅推动了科技的发展，也为各个领域的决策提供了更强大的工具。然而，随着新技术的不断涌现和社会的不断变迁，地理信息数据的发展仍然充满挑战和机遇。其中，数据质量的安全性和可靠性就是最让使用者担心的问题。

2.3.2 地理信息数据质量问题的产生

在地理空间数据采集、处理和应用过程中都会产生数据质量问题。空间数据质量问题主要体现在四个方面，包括现实世界中地理实体的不确定性、实体表达的不确定性、数据处理过程中的不确定性及应用过程中的不确定性[21]。空间数据质量可对不同的质量元素进行描述，国内外相关研究者结合数据质量标准，针对空间数据质量从各个方面定义了空间数据的质量元素，如表 2-1 所示。

表 2-1　空间数据的质量元素

研究者	质量元素
Goodchild	位置精度、属性精度、拓扑一致性、完整性、历程
Burrough 和 McDonnell	现势性、完整性、一致性、可访问性、精度及准确性、数据误差来源
陈俊等	精度、不确定性、相容性、一致性、完整性、可得性、现势性

研究者	质量元素
国际制图协会(International Cartographic Association，ICA)空间数据质量委员会	历程、位置精度、属性精度、逻辑一致性、完整性、时间精度、语义精度
国际标准化组织地理信息技术委员会(ISO/TC211)	位置精度、属性精度、完整性、逻辑一致性、时间精度

地理空间数据作为产品为用户提供服务时，应该有对应的质量报告对其进行相应的描述，提供详细的质量信息。用户根据自己的需求选择满足自己需求和范围的数据产品。随着 GIS 的发展，建立空间数据评价模型，系统回答空间数据的精度和可信度，综合评价基于地理空间数据分析结果的精度等问题是 GIS 发展过程中必须要解决的问题。

2.3.3　地理信息数据质量评价现状

空间数据质量评价是认知地理过程的关键步骤，也是基础地理数据建立、表达和应用过程中的核心技术，其涉及对地理信息数据的准确性、精度、一致性、完整性、时效性等方面进行全面的评估。随着地理信息技术的不断发展和应用领域的不断拓展，对地理信息数据质量的要求日益提高，因此相关研究逐渐成为学术和实际应用中备受关注的问题。

首先，地理信息数据质量评价的研究现状体现在对不同数据类型评价方法的不断深化。针对不同来源和性质的地理信息数据，研究者提出了一系列相应的评价方法。例如，对于遥感影像数据，常用的评价指标包括光谱精度、几何精度、辐射精度等；而对于地理数据库中的矢量数据，则关注其拓扑关系、几何精度、属性精度等方面的评价。这种多样化的评价方法确保了在不同应用场景下能够全面、准确地评价地理信息数据的质量。

其次，地理信息数据质量评价研究强调空间维度和时间维度的重要性。传统的数据质量评价主要侧重于静态的空间数据，但随着时空数据的广泛应用，对于时变、动态数据的质量评价也成为研究的热点。这包括对时序遥感数据、移动物体轨迹数据等进行质量评价，以保证数据的时效性和动态性。

最后，地理信息数据质量评价的研究现状还涉及不同领域的应用需求。例如，在智慧城市建设中，对地理信息数据的高质量要求更为迫切，因此相关研究更注重城市规划、交通管理、环境监测等方面的数据质量评价。而在精准农业、自动驾驶等应用场景下，对地理信息数据的高精度和高准确性要求也推动了相关评价方法的不断创新。

总体而言，地理信息数据质量评价的研究现状呈现出多样性、多维度、多领域的特点。未来，随着地理信息技术的不断发展和应用场景的不断扩展，地理信息数据质量评价的研究将面临更多的挑战和机遇。从不同维度、不同层面深入挖掘评价方法，促进地理信息数据质量评价与应用的紧密结合，将为 GIS 的发展和实际应用提供更为有力的支持。

2.3.4　VGI 数据质量评价

　　VGI 数据是地理信息数据中不可或缺的一个大类,随着众源地理数据在互联网支持下的日益发展，基于 VGI 数据的相关位置服务应用越来越广泛，能够从众多的 VGI 数据中选取满足需求的地理信息数据，是由"独立式"迈向"共享式"发展过程中面临的核心问题，也是对现代测绘地理信息技术提出的新挑战。挑战的关键问题在于如何结合已有的、可获得的参考数据建立客观、全面的评价模型，回答"VGI 数据定量评价结果是什么""数据质量空间分布怎么样"等问题。

　　但是正如前文所述，VGI 数据具有一定的主观性，因此在地理空间信息中，志愿者用户提供的数据质量是令人怀疑的，并且在应用之前必须对质量进行评价[22]。不过，想要客观定量地对其质量进行评价必然需要参考系，对于一些地区，官方矢量参考数据容易获得，然而对于某些地区，官方矢量参考数据使用受限，可以寻求高分辨率遥感影像作为评价参考数据。已有一些学者对 VGI 数据的质量和属性进行了研究，并提出了许多算法和模型[23-25]。根据是否使用参考数据，这些方法大致可分为两组，即定量分析和定性分析。

　　定量分析通过将 OSM 数据集与权威数据集匹配来评估 OSM[9]，这种方式较为直观、可靠，并且是可量化的，用户能够直接根据评价结果选择满足需求的数据。这种方法已在加拿大、德国、英国、中国等国家得到广泛应用。例如，Haklay[26]通过 OSM 数据集与一个官方调查数据集进行比较，然后计算位置精度和完整性来进行 OSM 数据质量评价。Hashemi 等利用方向关系、拓扑关系和距离关系来评估 OSM 数据的逻辑一致性，Ali 等通过层次一致性分析和分类合理性评估 OSM 数据的完整性。

　　定性分析是在没有参考数据集的情况下评价 OSM 数据质量的内在方法。为了评价 VGI 数据的质量，提出了不同的内部指标，如数据指标、人口统计指标、社会经济指标和贡献者指标[27]。他们分析了 OSM 信息的内在本质，Arsanjani 等提出了通过研究数据质量和用户数量、志愿者置信度之间的关系来解决 OSM 数据质量评价问题；Mooney 等[28]利用 OSM 编辑的次数来研究数据质量问题；Zhou[29]通过研究 OSM 建筑物数据密度来评价数据完整性；然而，内在方法不能完整地描述数据质量，并且一些指标只能说明近似相对的结果[30]。而且，如何通过内在方法建立一个框架有效地评价 VGI 数据质量仍然是一个需要讨论的话题[27]。

但是，无论是定量分析还是定性分析，都存在各自的局限性。定性的 OSM 数据质量评价不能够给出绝对结果，有时并不能满足用户的使用需求；定量的评价方法需要一个标准的参考系，而且现有评价方法具有一定的主观性。相似性作为时空认知的一种形式，在数据定量评价中起着至关重要的作用。由于建筑物在地图中被描述为各种形式的多边形(简单多边形、带洞多边形和复合多边形)，研究如何度量不同形式的多边形形状相似性是基于官方矢量参考数据进行 OSM 建筑物数据质量评价的重要基础。受限于权重的影响，评价指标的加权和方法，对用户来说并不能得到一个客观全面的 OSM 数据质量评价结果。定量的评价需要可靠的参考数据，一些地区官方的标准矢量数据可用性低，导致难以获得准确的评价结果。

之前的学者对评价 OSM 数据质量的多种方法提供了有用的见解，然而这些数据质量评价方法基本上要么分别单独计算完整性、语义精度、位置精度和形状精度等质量评价的单一指标，要么结合一定的权重标准，如计算 OSM 数据集与官方数据集之间的语义和结构相似性，其中权重由专家或有经验的人员提供[31]。这些方法缺乏对 OSM 全面且客观的数据质量评价，未能提供一个评价方法能客观、全面地纳入所有的评价指标。此外，定量和绝对的分析需要参考数据。参考数据的其中一个来源是权威矢量数据集。但实际上，高质量的权威矢量数据集在有些地区不可获取或需要高昂成本。但是，参考数据也可以通过从遥感影像中提取目标信息来获得。由于遥感技术(如卫星摄影和航空摄影)的发展，高分辨率遥感影像的可用性和可获得性在逐步增加，这意味着高质量的非矢量参考数据比高质量的权威矢量数据容易获取得多。而且一些传感器，如数字地球观测卫星，不仅能够提供三波段的可见光数据，还能够提供八波段的多光谱数据。目前基于深度学习通过高分辨率遥感影像目标提取[32,33]已经取得了不错的成果，这为研究 OSM 数据质量评价问题提供了新的思路。

2.4　OSM 数据质量问题描述

OSM 数据作为 VGI 数据的代表，其数据质量问题不容忽视。从拓扑关系到属性信息的缺失，OSM 数据存在的问题多种多样，多样的问题来源及不同的数据质量评价指标，都对 OSM 数据质量问题描述提出了不小的挑战。

2.4.1　OSM 数据质量问题

VGI 数据具有数据量大、更新频率高、采集成本低等特点，是专业地理信息数据的有益补充,在交通运输、自然资源、应急救援等诸多领域发挥了积极作用。但是,目前 VGI 数据由非专业人士生产,缺乏严格、统一的数据生产标准和质量控制流程,导致 VGI 数据质量参差不齐、空间分布不均等问题[34]。

与传统测绘数据所需的高人工成本投入所带来的高额使用费用相比,OSM 数据因具有开源免费的特点而广受关注。然而,OSM 数据主要是由非专业测绘人员提供,其数据质量难以得到保证。若是将 OSM 数据作为传统测绘数据的补充数据源,其质量是否得到保障成为一个有争议的问题[35]。

2.4.2　影响 OSM 数据质量的原因

影响空间数据质量的原因包括多个方面,从空间数据采集、处理到应用都会引发数据质量问题。Goodchild 等[36]认为导致空间数据质量问题的主要原因有源误差和处理误差;史文中[37]认为空间数据质量问题的来源主要有客观事物不确定性、人类认知不确定性、数据获取不确定性以及数据处理不确定性四个方面。通常,影响 OSM 数据质量的因素主要有三个:客观世界本身的质量问题、人类主观因素导致的数据质量问题、测量仪器科学技术局限性引起的质量问题。

1) 客观世界本身的质量问题

客观世界本身的质量问题主要是由于空间实体存在客观的不确定性。客观世界是指可以感知的世界,是个非线性多参数的复杂系统。也正是这种复杂性导致了空间实体存在客观的不确定性。因此,空间数据作为空间实体的描述表达,这种不确定性自然也会存在,由客观不确定性导致的空间数据质量问题自然也不可避免。空间数据的客观不确定性主要表现在三个方面:空间不确定性、时间不确定性、主题不确定性。空间不确定性主要体现在有些实体空间对象的边界表现为渐变,如一些土壤和草地;时间不确定性主要由于一些事件发生在时间段上有一定的浮动,在时间上有不确定性;主题不确定性主要由于一些属性是非数值型,无法用精确的数字比拟。

2) 人类主观因素导致的数据质量问题

人类主观因素导致的数据质量问题主要是指人类在参与空间数据生产、处理和应用方面,人类主观方面带来的数据误差而引起的数据质量问题。人类主观因素导致的质量问题主要分为两类:一类是被动误差,这类误差主要是人类认知、表达导致的质量问题;另一类是主动误差,这类误差主要是人类不正确、不合理的行为导致的质量问题。人类认知是感官接收外界信息并加工处理、理解的过程。随着人类个体年龄的增长和经验的积累,逐渐形成了自己独立的认知体系。这种认知体系因人而异,因而人类对世界的客观认识也存在个体的差异性。总之,人类个体的认知水平受到多方面的影响,如其所在社会发展水平、所接受教育程度、个体经验丰富程度等。地理空间认知是地理空间信息分析、处理的重要组成部分。人类的空间认知水平直接影响空间数据的生产、处理和使用。"横看成岭侧成峰"就是古人针对个体空间认知水平导致对空间实体目标认知差异的形象描述。因此，不同个体之间的认知差异性以及人类对客观世界的认知局限性都会导致空间数据质量问题。因为 OSM 数据是志愿者地理数据，注册用户既是生产者也是消费者，数据的输入与地图的制作很多是由缺乏专业知识与训练的普通用户完成的，志愿者个体之间的空间认知水平各不相同，所以必然会引入一些人为因素的误差。此外，OSM 数据可能来自不同的数据源，因此属性精度、位置精度必然也会存在相应的差距。

3) 测量仪器科学技术局限性引起的质量问题

空间数据在生产、处理和应用的过程中涉及很多设备仪器、相关处理技术以及各种方法，而这些设备仪器与处理方法都受限于当前的科技发展水平。地理空间信息的采集主要涉及一些精密仪器，这些精密仪器包括观测仪、传感器、计算机等，这些精密仪器的制作工艺水平决定了设备生产数据的精度。地理空间数据收集、处理、应用过程中会用到很多算法，这些算法虽然随着技术的发展、科技的进步在不断完善，但仍然存在一定的误差。如数据采集过程中坐标转换算法对精度的影响；数据处理过程中拓扑关系构建对精度的影响；数据存储过程中数据类型与存储方式对精度的影响；数据分析过程中使用算法的局限性与多源数据融合的近似处理技术等，这些因素都会引起地理空间数据质量问题。OSM 数据作为成功的众包地理信息数据，采集设备千差万别，采集方式各式各样。不同 GPS 设备之间数据精度一定存在差别，不同个体贡献的数据融合也必然有所不同，这些都会引发 OSM 数据质量问题。

因此，OSM 数据质量评价过程不能使用常规的数据评价方法，必须选择适合其特点的质量要素、评价内容以及评价方法才能建立全面准确的评价模型。

2.5　OSM 数据质量评价

2.5.1　数据质量评价体系

数据质量是指数据能够利用的程度。人们主要通过对数据来源、数据内容、传播渠道等进行综合分析，来判断该数据是否具有价值。很多学者提出了一些具体的指标，来对数据可信度进行评价，如准确性、可理解性、时效性、可信赖性、可验证性、公正性、客观性等。不过，要知道数据的质量与数据的可信度并非一码事，高可信度的数据未必就是高质量的。例如，高可信度的数据中存在大量的冗余数据，这就造成了一些有价值的信息很难挖掘出来[11]。

VGI 数据质量评价体系由评价对象、评价元素和评价指标三层结构组成。如图 2-1 所示。

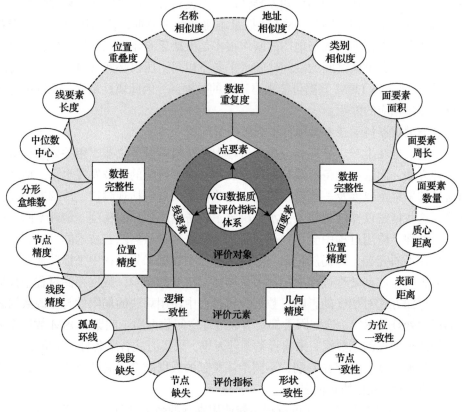

图 2-1　VGI 的点、线、面数据质量评价体系[34]

首先，针对点、线、面要素的不同应用需求，设计差异化的评价元素。

(1)对于点要素，其几何结构简单，但属性信息丰富，主要根据位置和属性判断数据重复度。

(2)对于线要素，道路数据应用需求最广，多用于导航、路径规划等，对数据完整性、位置精度和逻辑一致性的要求较高。

(3)对于面要素，如建筑物数据等，除了数据完整性和位置精度，轮廓的几何精度也是考察重点。

在评价指标层，根据点、线、面要素的数据结构特征，针对每个评价元素设计了相应的多个评价指标，以增加评价结果的可靠性。其次，利用 CRITIC-TOPSIS 模型对每个评价元素进行综合，以获得 VGI 数据的综合质量评价结果[34]。

2.5.2　OSM 数据质量评价内容

在 OSM 中，有多种类型的地理空间数据(如道路使用、建筑物使用、铁路使用、河流使用和土地使用)，这些数据由全球 800 多万名志愿者提供。因此，这些数据已成为数字地球的重要组成部分，使用 OSM 数据有几个好处。首先，数据是可以自由获取的；其次，数据每分钟更新一次，因此可以获得最新的建筑物数据；最后，数据是矢量格式，可以直接从该平台获取，这意味着数据的获取具有较少的技术挑战。

尽管有这些优势，但人们对 OSM 数据质量的担忧已经出现。OSM 数据质量无法达到一些应用的精度需求，在一定程度上限制了 OSM 数据的应用。因此，在使用 OSM 数据之前，有必要评价数据质量[38]。

自 20 世纪 90 年代以来，随着计算机技术、网络技术和数据库技术的发展，我国自主研发了一些基于空间数据库管理系统的地图服务软件产品。这些地图服务软件产品已广泛应用于医疗救援、道路导航和路径分析等领域。对于 VGI 数据中 OSM 的有关属性文本数据和地理空间数据的准确性、完整性及真实可靠性的研究，不仅为后续以 OSM 作为数据基础的相关应用提供量化依据和数据参考，也推进 OSM 数据在国内医疗救援、道路导航和路径分析等方面的合理化使用。

对于地理空间数据，尽管之前的研究已经提出了很多相关的质量评价指标和质量元素，但目前仍无统一空间数据的质量评价模型，而且不同的空间数据应该采用不同的质量评价模型[39]。

OSM 数据质量评价方法可以分为两类：一类是基于官方参考数据的评价方法，另一类是基于 OSM 本身特征的评价方法。前者需要 OSM 数据与官方参考数据比较，一次可以评价一个或多个质量评价指标，这些质量评价指标可以参考 ISO 标准；后者通过研究不同角度 OSM 数据特征进而实现其质量评价。

在地理信息方面，基于 ISO 标准利用官方参考数据与 OSM 数据进行质量评价主要体现在以下六个方面。

(1)数据完整性：指空间数据在数据范围、地理实体类型、属性内容、空间关系等方面的完整程度。OSM 数据完整性主要基于格网通过比较长度[40]、特征数目[41]、总长度或总面积[42,43]、完整性度量[44]和完整性索引[45]等方面体现。

(2)逻辑一致性：指空间数据在数据结构、数据格式、属性编码及拓扑关系的一致性表现。OSM 数据逻辑一致性主要体现在通过数学手段计算的拓扑一致性、通过空间相似性表现的几何关系，以及一系列的语义相似性计算。OSM 的语义相似性可以通过数据标签[46]或者标签推荐[47]去评价语义质量。

(3)位置精度：指地理实体几何位置的精度。对于数据质量评价，位置精度主要指前后地理要素的位置差异问题。OSM 数据位置精度主要从缓冲区[48]、点线面距离[41]、形状相似度[29]、基于格网的最小外包矩形以及方向分布[49]方面体现。

（4）时间精度：用来反映时间特征，主要用来描述地理实体时间属性和时间关系的准确度。对于 OSM 数据，时间精度是指地理标签图片（如立面图、地理图片等）上传的时间及其拍摄时间不同而引起的差异[50]。

（5）主题精度：指地理实体属性值的精度。OSM 主题精度主要可以通过正确分类的占比[51]、标签中特殊值的占比[52]、Levenstein 距离[49]、特殊属性的数目[53]、混淆矩阵及 Kappa 系数[45]、生产者精度和消费者精度等方面体现[54]。

（6）可靠性：ISO 19157[55]是基于用户需求的评价因子，它能够全面有效地综合评价空间数据，也就是说前边提到的所有因子都可以作为可靠性评价的依据。可靠性评价可以基于特定的用户需求，而这些需求不能单独使用上面描述的质量元素来描述。在这种情况下，可靠性元素用于描述有关数据集对特定应用的适用性或对一组需求的满足程度。对于所有的评价因子，可靠性是描述数据质量是否满足使用要求的因子，其表现为最充分的 OSM 数据质量评价因子[31,56]。

直接评价 OSM 数据质量可能存在一些问题，如没有详细的说明、没有可以使用的官方参考数据等。一些学者开始研究 OSM 数据本身的特性从而实现其数据质量评价。基于 OSM 数据本身的特征评价方法主要体现在以下四个方面。

（1）数据指标：指 OSM 数据属性呈现出一定的规律，这些规律可以对数据质量有一定程度的体现，从而达到基于规律的数据质量评价。数据指标可以体现在格网中的数据特征长度、点密度，数据文件修改版本数目、稳定性的修订、特征正确性修改与召回[56]，OSM 数据特征的来源[57]等方面。

（2）人口统计指标：OSM 数据质量与当地人口统计存在一定的相关性[58]。一些研究经验已经证明：研究区域内的人口数量和数据完整性、位置精度有一定的相关性[59]，一些低人口密度地区直接影响 OSM 数据的完整性。人口密度和贡献者数量呈正相关关系，研究区内贡献者越多，OSM 数据完整性、位置精度越高[27]。

（3）社会经济指标：OSM 数据是自下而上产生的过程，因此社会经济指标可能会影响 OSM 数据质量。而且在研究中实证，贫困地区的社会经济对 OSM 数据的完整性和位置精度有很大影响[52,60]。高收入和低年龄段占 OSM 数据贡献者中很大比例[61]。

（4）贡献者指标：对 OSM 数据质量的研究不能排除对 OSM 数据贡献者本身的分析，因为理解驱动因素可以更好地洞察贡献者生成的数据。贡献者的动机将直接影响数据产生的内容。贡献者的认知经历、知识体系都会成为影响 OSM 数据质量的因素[57]。此外，根据 Web 2.0 规则[62]，OSM 数据的发展是集体智慧的体现，可以通过一些贡献者在特定区域或空间特征上的工作来实现。因此，在某些情况下，某些区域或特征的贡献者数量与数据完整性和位置精度呈正相关关系[56]。

2.6　空间相似性与 OSM 数据质量

2.6.1　空间实体与空间实体相似性

1）空间实体

GIS 中不可再分的最小单元称为空间实体，主要包括点、线和面三种类型。如一个高程点、一条断裂、一个湖泊等，它们在 GIS 中用矢量数据点、线、面表述。空间检索的目的是对给定的空间坐标，能够以尽快的速度搜索到坐标范围内的空间对象，进而对空间对象进行拓扑关系的分析处理。

2）空间实体相似性

相似性是人类认知、辨别事物并对其进行分类的一个重要基础，表现出客观事物特性的共同性与差异性。同一空间实体在不同时间和不同数据来源上其几何特征与属性特征也会不同。空间实体相似性是对两个空间目标或两种空间场景在一个方面或多个方面相似程度的一种度量，相似性越大它们的差异性越小。

2.6.2　基于空间相似性的数据质量

相似性研究有多学科背景，包括哲学、心理学和生物学等。哲学方面的概念起源于两千多年前的研究，研究者认为在相似性评价时应当充分考虑研究对象的感知属性，即对象的直观表现形式。相似性的理论应用在很多方面，在心理学方面，利用相似性概念对事物进行分类；在现实生活方面，相似性可以用来解决自然世界中复杂的模式，理解感知对象的结构和行为，通过研究客体与主体之间的相似性，更好地了解客体、评价客体的特性。

空间相似性是指根据特定内容和比例尺对空间的匹配与排序。其基本思想是，在一个空间内，两个或两个以上的空间目标或空间场景之间，在某一方面或多个方面所具有的相似程度。它不仅能帮助我们理解一个特定现象（如被遮挡的建筑物）的发生和发展过程，而且还能帮助我们理解它所处的周围环境。相似性的计算通过将差异度进行标准化后取补来实现。例如，基于对比参照法的数据质量评价的目标就是拟基于要素本身的特征及其与周边要素的关系特征，识别出不同数据源中表示同一现实地物的差异度[63]。

空间相似不等同于相等[64]，空间相似性是用来描述空间对象比较结果的衡量标准。空间相似性概念和空间认知有直接的关系，它能够描述空间实体间的差异度。OSM 数据质量反映了 OSM 数据与标准参考数据在空间认知上的差异度。因此，空间相似性概念能够描述标准参考数据和 OSM 数据之间的对比差异度，充分描述 OSM 数据质量[65]，多维度多层次实现 OSM 数据质量评价。在众源地理数据质量评估框架中，OSM 要素与权威地理基准数据之间的空间表征一致性水平，构成了核心判别标准。

空间相似性通常包括拓扑相似性、方位相似性、几何形状相似性等。在描述空间对象过程中，拓扑关系表示对象的结构以及对象与对象之间的关系[66]，两个空间对象的拓扑关系可以通过经典的九交集模型描述[67,68]；方位相似性是空间对象相对方向分布情况的定量描述，一般可以通过空间场景中的方位矩阵进行描述[69,70]；几何形状相似性是空间对象的视觉表达[71]，用来描述相同场景或不同场景中对象与对象之间的几何形态对比度。

建筑物作为空间实体，在 GIS 中表示为一系列的几何多边形。建筑物数据质量可以表示为：被评价数据与标准数据的接近程度，反映数据与真实值之间的相似性。OSM 建筑物数据质量评价可以通过比较 OSM 数据中建筑物描述多边形与标准数据中建筑物描述多边形之间的差异来衡量。

建筑物轮廓多边形在地图中以相离的拓扑形式存在，而且建筑物轮廓在地理空间数据表达中是一个重要的信息。建筑物描述多边形几何形态复杂，不同多边形之间几何形状相似性度量问题在建筑物数据评价中尤为重要，因此后面将 OSM 数据中建筑物与标准数据中建筑物之间的几何形状相似性作为评价 OSM 建筑物数据质量中的几何形态精度。在基于参考数据综合评价 OSM 建筑物数据质量之前，深入研究不同多边形几何形状相似性度量模型，为 OSM 建筑物数据综合评价奠定基础。

第 3 章 简单建筑物相似性计算

相似通常可以理解为近似，是普遍存在于心理学领域的概念。近年来在计算机领域对相似性研究也越来越多，相似性试图回答："什么使得物体看起来近似或者不同"。

空间相似性中，基于几何形状相似性的经典应用有：被称为"大陆漂移学说之父"的德国地球物理学家 Alfred Lothar Wegener，根据大西洋两岸，特别是非洲和南美洲海岸轮廓的相似吻合特征，提出了著名的大陆漂移学说。几何形状是空间感知的重要特征，在地理空间信息中，几何信息蕴含更深层次的特征。因此，几何形状相似性在很多情况下是空间相似性的分析依据和分析基础，也是数据质量评价的重要方面。而在空间数据库中，面实体是建筑物数据的表现形式，各种形式建筑物可以表示为简单多边形、带洞多边形和复合多边形。因而在研究基于官方参考数据进行 OSM 建筑物数据质量评价时，实体间的几何特征就显得尤为重要。

在现实世界中，大部分建筑物都是简单多边形构造，如矩形、梯形或其他形式多边形(图 3-1)。这些简单多边形结构较为简单，不存在嵌套、组合等现象。为了能够更精确地实现 OSM 建筑物数据质量评价，本章针对这类简单多边形空间要素，提出简单多边形相似性度量概念，并且针对该数据特征进行详细的研究。

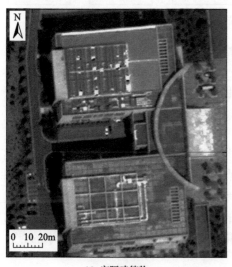
(a) 实际建筑物

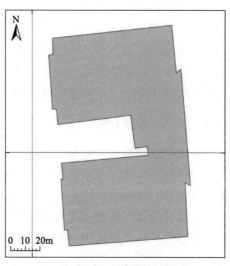
(b) 地图上表示的简单多边形描述

图 3-1 建筑物中简单多边形描述

3.1 形状轮廓特征点提取

形状是空间实体的重要视觉特征，在实体表达和分析中起关键作用。然而，图形的大量形状信息都集中在能够代表其特征的特征点上，人的视觉系统通过这些特征点识别图形。对于模型识别，特征点提供了准确的数字信息，保持了形状的有效性。移除图形中那些共线或者接近共线的冗余点，虽然对图形描述影响较小，但可大大提高图形形状相似性计算效率。

空间要素的形状识别是相似性评价的重要研究方向，相应的计算机识别技术也广泛地应用于图像分析、机器视觉等领域，目前关于图形图像数学的描述已经提出了包括链码描述子、傅里叶描述子、形状上下文描述子、中心距离角度描述子、小波变换描述子、霍夫变换等多种形状描述方法（图 3-2）。但这些方法针对多边形存在一些不足之处，中心距离角度描述子在局部细节描述能力方面有限，相反，形状上下文描述子不能够充分表达全局信息；简单的傅里叶描述子是通过傅里叶变换系数构建的，由于其无穷级数特性，对细节信息较为敏感。

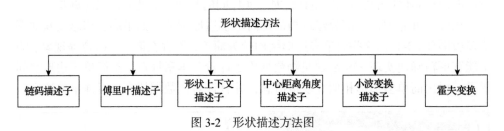

图 3-2　形状描述方法图

而在建筑物相似性计算中，形状轮廓特征点提取是一项关键任务，它为后续的相似性度量和数学描述奠定了基础。这一步骤旨在从建筑物的轮廓中提取出具有代表性的特征点，以便对建筑物的整体形状进行更有效的描述和比较。

3.1.1　常见的提取方法

形状轮廓特征点提取是计算机视觉和图像处理中的重要任务，它有助于描述和识别对象的形状。常见的形状轮廓特征点提取方法包括边缘检测、角点检测和曲率分析等。其中，边缘检测通过检测图像中的强度变化来确定建筑物轮廓的位置；而角点检测则侧重于寻找图像中角点的位置，这些角点通常对应建筑物轮廓的拐角部分；曲率分析则利用曲率值的变化来找到轮廓上曲率最大或最小的点，这些点也可以视为特征点。

（1）边缘检测：在轮廓特征点提取的过程中，首先要进行边缘检测，以便准确定位物体的边界。常见的边缘检测算法包括 Sobel 算法、Prewitt 算法、Canny 算法等。

(2)霍夫变换：霍夫变换是一种常用于检测直线、圆等几何形状的方法。对于轮廓特征点提取，霍夫变换可以用于检测直线或曲线的参数，进而找到特征点。

(3)角点检测：角点是图像中的显著变化点，常用于描述物体的拐角或关键点。Harris 角点检测和 Shi-Tomasi 角点检测是两种常见的角点检测算法[72]。

(4)轮廓近似：轮廓近似方法通过减少轮廓的点数来提取特征点。其中一种常见的算法是道格拉斯-普克算法(Douglas-Peucker algorithm)，它通过删除不显著的轮廓点，实现对轮廓的逼近[73]。

(5)形状上下文描述子：形状上下文描述子是一种描述轮廓形状的统计方法。它将轮廓上的点与其他点的关系转化为一个特征向量，从而实现对轮廓的形状描述[74]。

(6)傅里叶描述子：傅里叶描述子使用傅里叶变换将轮廓表示为频域的系数，这些系数可以用来描述轮廓的形状特征。

这些方法可以单独或结合使用，具体选择取决于应用场景和形状的特点。在实际应用中，通常需要根据具体问题的要求来选择最适合的特征点提取方法。除此以外，选择合适的特征点提取方法取决于建筑物的特性及计算的需求。在提取特征点的过程中，需要注意对噪声和不必要的细节进行抑制，以确保提取的特征点具有代表性和稳定性。

3.1.2　几何特征选取的要求

在进行如匹配或相似性计算之前往往需要选择一些合理正确的几何特征来描述相应实体，这些几何特征的描述能力有时可以直接决定相似性计算的准确程度[75]，因此为了确保几何特征的提取质量满足可以使用的要求，通常需要检查这些特征是否具备唯一性、稳定性和简易性等特点。

唯一性指的是每个空间实体应该被唯一描述，唯一性确保所选择的几何特征在描述实体时是具有独特性的。这意味着不同实体之间的几何特征应该能够明显区分彼此，避免相似实体之间存在混淆的可能性。唯一性的特点有助于确保相似性计算不会受到特征重复或混淆的干扰，提高了计算的准确性。

稳定性指的是经过变换后，实体的几何描述不会有较大变化，并且也不会对结果产生重大影响。同时在不同条件下，同一实体的几何特征应该保持相对稳定，不受外部因素的影响。这确保了即使在实际应用中，面对不同变化和噪声，所选取的几何特征也能够提供一致的描述，增加了相似性计算的可靠性。

简易性指的是对于实体的几何描述方法应该尽可能简洁以方便实际应用，这意味着所选择的几何特征应该易于计算和理解。简单的特征提取方法有助于降低计算的复杂性，提高计算效率，并使算法更易于实现。注重特征点选取的简易性还有助于降低特征提取过程中出现错误的可能性，确保整个相似性计算流程的稳定。

在具体使用时，需要根据实际需求选择合适的几何特征描述方法。与点实体、线实体不同的是，面实体的几何特征通常具有无序、非重叠等特点。例如，面实体在空间数据库中通常是以首尾相连的坐标集合所构成的，面实体的起始点具有任意性，任何一个点位的改变都会影响面实体的形状描述；面实体不会出现自相交、自重叠等情况，所以也可以通过如房屋朝向、建筑物邻接关系等判断面实体的方向。

3.1.3　形状轮廓特征点提取的一般步骤

形状轮廓特征点提取是在图像或几何实体的轮廓中识别和提取关键点的过程，这些关键点通常具有代表性，用于描述形状的特征。一般来说，需要遵循以下步骤。

(1)在进行形状轮廓特征点提取之前，首先需要从图像或几何实体中提取轮廓。这可以通过边缘检测算法(如 Canny 边缘检测)或者图像分割技术来实现，得到物体的边缘轮廓。

(2)一旦获取了轮廓就可以在轮廓上检测具有代表性的特征点。这些特征点通常是在形状发生显著变化或存在弯曲的地方，如拐角、凹陷或凸起的位置。常用的特征点检测算法包括 Harris 角点检测、Shi-Tomasi 角点检测和尺度不变特征变换(scale-invariant feature transform，SIFT)等。

(3)检测到特征点以后需要对其进行描述，以便后续的匹配或识别。这一步骤通常涉及计算每个特征点周围区域的特征向量或描述子。SIFT 和加速稳健特征(speeded up robust feature，SURF)是常用的用于特征描述的算法。

(4)如果需要将两个形状进行比较或匹配，可以使用上述所提取到的特征点。匹配过程可以通过计算特征点之间的相似性(如欧几里得距离等)来实现。

(5)最终，提取的形状轮廓特征点可用于形状分析。这包括测量形状的几何属性、计算形状的不变性等，以便更深入地理解和描述形状的特征。

总体而言，形状轮廓特征点提取是一项关键的任务，对于形状识别、物体匹配和图像检索等应用具有重要意义。选择适当的算法和方法，根据具体的应用场景调整参数，能够有效地提取出具有代表性的形状信息。

3.2　建筑物轮廓的数学描述

建筑物轮廓的数学描述通常涉及几何形状和曲线的组合，这些描述可以使用数学方程和几何概念来表达，而采用的方法取决于建筑物的形状和复杂程度。简单的形状可以用基本的几何方程来描述，而复杂的轮廓可能需要更复杂的数学工具和方程来捕捉其细节和特征。

3.2.1　常见的数学描述方法

建筑物轮廓的数学描述是将建筑物的形状信息转化为数学形式的关键步骤。常见的数学描述方法包括多边形表示、曲线拟合和参数化曲线等。

1）多边形表示

将建筑物轮廓抽象为多边形是一种简单而直观的数学描述方法。将轮廓上的特征点连接起来，形成一个封闭的多边形，可以方便地利用多边形的几何特性进行相似性度量。这种方法的优势在于简单易实现，但在描述复杂曲线时可能会丧失一些准确性。

2）曲线拟合

曲线拟合方法通过利用数学曲线模型来逼近建筑物轮廓的形状。常见的曲线模型包括直线、圆弧和高阶曲线等。通过拟合这些曲线到轮廓上的特征点，可以得到一个更为光滑和精细的数学描述。然而，曲线拟合的复杂度相对较高，需要在保持准确性的同时避免过度拟合。

3）参数化曲线

参数化曲线是一种通过参数方程来描述建筑物轮廓的方法。通过引入参数，可以更加灵活地调整曲线的形状，从而更好地适应不同类型的建筑物。参数化曲线的优势在于对建筑物轮廓的灵活建模，但需要谨慎选择参数化方法，以避免过度复杂化描述。

在选择数学描述方法时，需要根据具体的应用场景和建筑物特性进行权衡，以确保描述的准确性和计算的高效性。

3.2.2　以数学方式描述建筑物轮廓的优势

以数学方式描述建筑物轮廓具有多种优势，主要包括以下几个方面。

（1）精度和准确性：数学描述方法能够提供精确的几何形状信息，因为其基于严格的数学原理和算法，能够更准确地捕捉建筑物的形状、大小和轮廓特征。

（2）自动化和高效性：数学描述方法可应用于自动化建筑物轮廓提取的算法中，实现对大规模遥感影像数据的高效处理。这些算法能够快速地识别、提取和描述建筑物轮廓，节省人力资源和时间成本。

（3）标准化和一致性：数学描述方法提供了一种标准化的方式来描述建筑物轮廓，使得不同数据集之间或不同研究者之间的结果具有一致性。这种标准化有助于数据的比较、整合和交流。

（4）适应多种数据源：数学描述方法通常可以应用于不同类型的遥感数据，

如光学图像、雷达数据或激光扫描数据等。这种灵活性使得数学描述方法能够适应多样化的数据源，提取建筑物轮廓信息。

（5）信息丰富性：数学描述方法不仅可以提供建筑物的基本轮廓信息，还可以捕捉建筑物的其他特征，如面积、高度、形状变化等。这些额外的信息有助于更全面地理解建筑物的特征和属性。

（6）后续分析和应用：数学描述的建筑物轮廓数据可以作为后续分析的基础，如城市规划、土地利用管理、建筑物分类、环境监测以及灾害风险评估等领域的应用。这些数据能够为决策制定和实践提供重要支持。

以数学方式描述建筑物轮廓具有高精度、自动化、标准化、适应性强等优势，使其在遥感数据分析、城市规划和环境管理等领域具有广泛的应用前景。

3.3　相似性度量方法

空间要素几何形状相似性度量在地图综合质量评价、地图比较、图像识别、土地利用等方面有相当大的现实意义。在相似性计算过程中，要顾及空间实体平移、旋转、缩放等几何变换的影响建立形状描述子。此外，还要建立相应的相似性度量准则来衡量不同空间实体对象之间的相似程度，当两个空间目标特征间的描述向量在一定范围之内时，则认为两个空间目标相似。不同的形状描述方法有不同的特点，要根据不同的形状描述方法特点来选择合适的相似性度量方法。

3.3.1　描述模型构建

几何形状相似性度量首先要将空间要素的形状信息建立描述模型，其中Freeman 编码和傅里叶描述子是非常经典的形状描述方法。

1）Freeman 编码

Freeman 编码是一种基于边界的形状描述方法，它将对象的边界抽象为一个序列，用数字表示不同方向的变化。具体来说，Freeman 编码使用八个方向的编码(通常用数字 1～8 表示)，描述轮廓的几何形状。这种编码方法不仅简单而且有效，特别适用于对于连续轮廓的表示。在形状匹配和相似性度量中，通过比较两个对象的 Freeman 编码序列，可以快速判断它们的形状相似性。

2）傅里叶描述子

傅里叶描述子是基于傅里叶变换的形状描述方法。它将对象的边界曲线转换到频域，得到频谱信息，从而捕捉对象形状的全局特征和局部特征。傅里叶描述子具有对形状变换和尺度变化的不变性，这使得其在形状比较和匹配中表现出色。然而，傅里叶描述子在处理离散和不规则形状时可能存在一些挑战，需要适当的预处理和抽样技术来应对这些问题。

除了 Freeman 编码和傅里叶描述子，还有许多其他形状描述方法，如 Zernike 矩、小波描述子、模板匹配等。这些方法在形状分析和相似性度量中发挥作用，具有不同的优势和适用场景。Zernike 矩在保持旋转和尺度不变性方面表现出色，小波描述子适用于处理复杂纹理和局部特征，而模板匹配则通过匹配预定义的模板来实现形状的检测和识别。选择适当的形状描述方法通常取决于具体应用的需求和数据的特征。

3.3.2　已有方法所存在的问题

近年来关于图形几何相似性的研究论文急剧增加，空间几何相似性的研究成为 GIS 领域中研究的热点。学者使用了图形图像的数学方法对面要素进行描述。然而，现有研究面要素相似性度量方法虽然各具优势，但仍存在一些问题。

形状上下文描述子可以利用随机参考点在大尺度上描述局部信息，但是缺乏描述全局信息的能力；小波描述子能够通过特征来表示形状，然而起始点起着很重要的作用；形状多级描述子在平移中是保持不变的，可以描述空间对象的全局信息和局部信息，并且对噪声有鲁棒性。这些描述子通常用于描述空间对象，包括区域、长度、角度、方向和外包矩形，对于描述子最重要的要求是，它不仅需要紧凑地描述空间对象的所有特征，而且还必须足够灵活来考虑细节变化，当物体平移、旋转和缩放时，它必须是不变的。并且，上述方法均采用面要素的所有组成点进行相似性计算，冗余度较高，计算量偏大。

另外，形状是空间对象的符号化和模糊化描述，难以用数学函数来表示。目前的形状相似性测量方法和模型针对简单的几何对象，而不能直接用于复杂的几何结构（带洞多边形、复合多边形），因为它们缺少子图之间位置描述及不对称匹配时的细节表达。我们相信，通过更好地理解面要素的特点及其数学表达方式，可以克服上述问题。凹凸特征和最远点距离（farthest point distance，FPD）对于几何形状是非常重要的，这是一种新颖的包含角点信息的形状特征。

3.4　基于傅里叶变换的面要素数学表达

在研究简单多边形形状相似性计算过程中，本节主要从构造多边形方面描述周期函数，同时基于傅里叶变换函数转换来构建多边形几何不变性描述子[76]，将简单图形的相似性计算转换为度量两个描述子的向量距离。

假设一个点在矢量多边形的边上移动，可以建立与动点坐标相关的函数，因为多边形为闭合多边形，所以该函数具有周期性。这个周期函数在图形描述中定义为形状签名函数。函数规范化并进行傅里叶变换之后，变换系数可以用来描述整个几何图形[77,78]，其中低频系数能够表达图形的整体信息，高频系数用来描述图形的细节部分。

任何形状都可以由形状签名函数描述，它表示二维区域或边界的一维函数，通常描述唯一形状并捕获形状的感知特征。可以通过 FPD 的形状签名函数来描述形状[79]作为图形表述的周期函数。给定形状边界$(u=0,1,\cdots,N-1$; 图 3-3) 上的任意点 A $\left(x(u),y(u)\right)$，FPD 可以计算为

$$\text{FPD}(u)=\sqrt{\left(x(u)-x_O\right)^2+\left(y(u)-y_O\right)^2}+\sqrt{\left(x_{fp}(u)-x_O\right)^2+\left(y_{fp}(u)-y_O\right)^2} \quad (3.1)$$

其中, $\left(x_{fp}(u),y_{fp}(u)\right)$ 为形状边界上离点 A 最远的点 B; 点 $O(x_O,y_O)$ 为形状的质心。

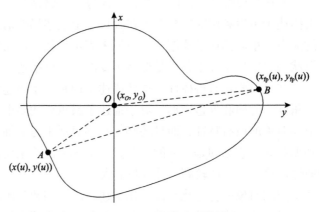

图 3-3　FPD 形状签名函数描述

没有相似轮廓的形状具有明显不同的 FPD 特征(图 3-4)，从图中特征表述可以看出，FPD 具有足够描述形状的能力。

(a) 岛湖

(b) 湿地湖

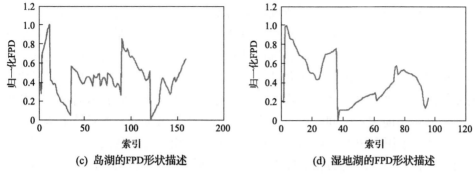

(c) 岛湖的FPD形状描述　　　　　(d) 湿地湖的FPD形状描述

图 3-4　多边形及对应的形状签名函数描述

直接通过签名度量形状之间的相似性通常是非常复杂的[80, 81]。为了解决这个问题，引入离散傅里叶变换(discrete Fourier transform，DFT)。傅里叶描述子是一个强大的形状分析工具，已经在许多领域中得到应用[82-85]。假设 $f(u)$ 是一个形状签名函数，DFT 描述为

$$a_n = \frac{1}{N} \sum_{u=0}^{N-1} f(u) e^{-j2\pi nu/N}, \quad n = 0,1,\cdots,N-1 \tag{3.2}$$

其中，$a_n(n=0,1,\cdots,N-1)$ 为傅里叶描述子，用 FD_n 表示。

FD_0 表示签名函数的平均能量，其考虑了傅里叶描述子的幅度值。为了实现傅里叶描述子的几何变换不变性，选择 FD_0 作为尺度归一化的归一化因子[86]。归一化傅里叶描述子可表示为

$$d = \left[\frac{|FD_1|}{|FD_0|}, \frac{|FD_2|}{|FD_0|}, \cdots, \frac{|FD_{N-1}|}{|FD_0|} \right] \tag{3.3}$$

FD_0 通常是最大的系数，因此归一化傅里叶描述子应该在[0,1]内[87]。傅里叶描述子在旋转、缩放和移动等操作中都保持不变，因此在度量相似性时，FPD 的傅里叶描述子可以用来表示形状。

傅里叶变换为无穷变换，变换之后有无穷多系数。由于高阶系数主要描述多边形的细节信息，为了提高计算效率，降低傅里叶描述子对噪声的影响，可以用前 n 阶傅里叶变换系数来描述多边形。基于系数描述多边形的向量可表示为

$$f = (d_1, d_2, d_3, \cdots, d_n) \tag{3.4}$$

前期的研究已经为几何相似性度量奠定了基础[88]，不同的函数变换对应的

多边形描述子略有不同，也会造成结果的差异。通过前边的分析可知，几何多边形经过傅里叶变换之后可以利用傅里叶变换系数组成向量表示。系数从低阶到高阶分别用来描述多边形的轮廓信息和局部细节信息。不同多边形之间的相似度可以通过距离来度量。在向量空间中，向量夹角余弦值能够反映向量之间的差异度，反映多边形之间的相似性。利用向量夹角余弦值表示向量之间相似度能够修正不同用户之间的度量标准差异，并且弱化向量位置对结果造成的影响。因此，采用多边形描述向量夹角余弦值表示相似度，余弦值越大说明向量夹角越小，多边形之间的相似性也越高[88]。利用向量夹角余弦值计算相似度公式为

$$\mathrm{sim} = \left| \frac{f_1 \cdot f_2}{|f_1| \times |f_2|} \right| \tag{3.5}$$

其中，f_1 和 f_2 分别为多边形 A 和多边形 B 的归一化傅里叶描述子；sim 为多边形 A 和多边形 B 之间的相似度，由于相似度具有非负性，需要对余弦值取绝对值。相似度的值为[0,1]，当向量夹角为 0°时，余弦值为 1，表示两个多边形相同；当向量夹角为 90°时，余弦值为零，表示两个多边形完全不同。式(3.5)分子部分表示向量之间的点积，分母部分表示向量模长的算术乘积。

3.5　案　例　分　析

实验采用某地区不同比例尺面数据的边界数值作为数据源，采用 C++实现相似性算法，实现轮廓数据特征点提取和面要素形状相似性计算。

3.5.1　特征点提取

在特征点提取时，对删除点的密度控制涉及阈值设定问题。本案例将所有点的顶点中间度降序排列，移除冗余点之后，选取前 m 个点作为特征点；两个顶点要连接成边，权重须小于阈值 t。阈值 t 对于图形顶点为可见控制，限制了组成近似弧段中移除顶点的数量。小的阈值不能构造出长边，构造出的图形顶点数量较多；相反，阈值较大，将会改变顶点中间度的分布，构造出的多边形与原图差别较大。因此，需选择合适的 m 来构造图形以使误差最小。在误差最小的情况下，选择合适的阈值 t 和对应的 m。经过实验，不同阈值 t 时小比例尺数据下某水库的特征点提取效果如图 3-5 所示。

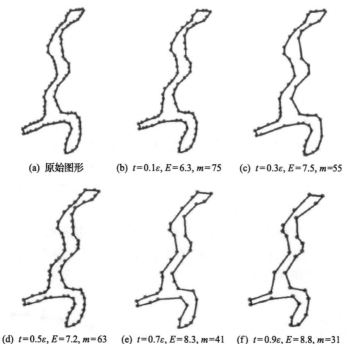

(a) 原始图形   (b) $t=0.1\varepsilon$, $E=6.3$, $m=75$ (c) $t=0.3\varepsilon$, $E=7.5$, $m=55$

(d) $t=0.5\varepsilon$, $E=7.2$, $m=63$ (e) $t=0.7\varepsilon$, $E=8.3$, $m=41$ (f) $t=0.9\varepsilon$, $E=8.8$, $m=31$

图 3-5   不同阈值 t 时特征点提取效果（$\varepsilon=9$）

ε、E 是常量

3.5.2   傅里叶描述子计算与相似性度量

选出顶点的数量会影响轮廓的表达准确度，删除的顶点越多，准确度越差。实验根据顶点中间性，在图 3-5 数据基础上分析了顶点数量与轮廓表达准确度的关系，如图 3-6 所示。由于在顶点数量 55 之前曲线变化较小，而此后随着顶点数量减少，表达准确度降低。综合考虑，本实验选择 $t=0.3\varepsilon$、$m=55$ 时取得的特征点进行计算，既能充分表达原始面数据的几何信息，又能减少计算量。

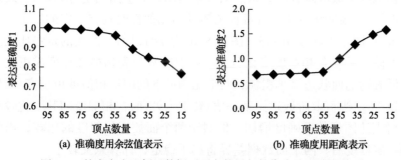

(a) 准确度用余弦值表示   (b) 准确度用距离表示

图 3-6   某水库小比例尺数据下顶点数量与轮廓表达准确度关系

　　本案例通过 3 个实验对相似性度量模型进行验证。首先采用不同比例尺某水库数据进行对比；然后对其他面数据形状进行相似性度量对比，分析算法的稳定性与曲线变化规律；最后使用形状不同的面数据进行相似性度量对比，给出相似性评价标准。

　　实验所用小比例尺数据中原始图形共有 95 个点，大比例尺数据中共有 221 个点，经过特征点提取之后分别剩下 55 个点和 117 个点，得到近似图形 A 和图形 B，并计算出图形 A 和图形 B 的傅里叶描述子以及图形 A、B 的归一化傅里叶描述子。计算面要素之间的形状相似性，即转化为计算两个傅里叶描述子向量之间的近似程度。比较两个向量的共线性，向量的维度必须相等，选择最大终止阶数 $n = \max\{n_1, n_2\}$ 作为两个向量的共同维度，高阶表示图形的细节信息，n 越大表示图形越细化，相似性计算也会受到影响。相似度与截取阶数的关系如图 3-7 所示，当 $n \geqslant 15$ 时，随着截取阶数 n 的变化相似度变化较小，说明当 $n=15$ 时可充分将两个图形的细节描述出来。

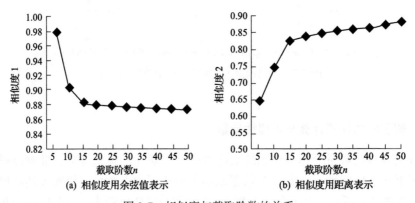

图 3-7　相似度与截取阶数的关系

　　实验同时选取了该地区两个不同水域的面数据，计算其相似性，得到如图 3-8 所示的相似度与截取阶数的关系。图 3-8 与图 3-7 中曲线走势相似(曲线走势先陡峭后平缓)，表明该方法在计算面要素几何相似性时具有一定的稳定性。在曲线的转折点(图 3-8(a)为 $n=15$，图 3-8(b)为 $n=12$)前，曲线的走势比较陡峭，随着截取阶数的变化相似度变化较大。截取阶数与表达精细程度成正比，截取阶数越低表达的面状边缘越粗糙，两个比例尺下的图形相似度也越高(向量之间的距离越小)。当截取阶数达到某一值(转折点处)时，相似度随其变化较小。细节信息对表达图形的准确度增加，但对于两个面数据相似度的比较，当细节描述达到一定程度后，两个面数据差异将趋于稳定，计算意义较小。

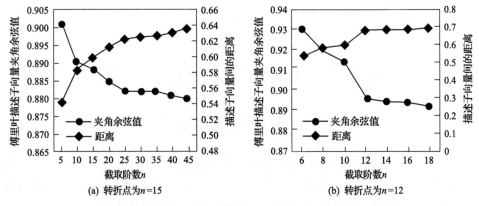

图 3-8　两个不同水域的面数据的相似度与截取阶数的关系

第 4 章　复杂建筑物相似性计算

4.1　复杂建筑物定义

在制图综合过程中，建筑物会表示成多边形结构。第 3 章提到的大部分多边形结构较为简单，不存在嵌套、组合等现象。然而，随着城市化进程的加速及建筑技术的不断提高，各种体型复杂、布局多样的建筑物群体大量涌现[89]，这种结构复杂且多个拓扑结构不一致的建筑物称为复杂建筑物，通俗理解就是形状复杂的多边形构造。图 4-1 显示了一个复杂建筑物实体，包含多个拓扑结构不一致的建筑物多边形。

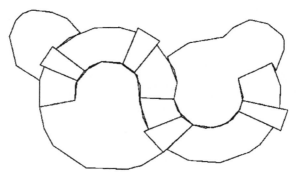

图 4-1　大型复杂建筑物的建筑物多边形[90]

4.2　内洞空间分布描述

4.2.1　带洞多边形

空间带洞面状对象是一类常见的空间对象[91]。在现实世界中会有一些建筑物是"回"字结构或者其他中间镂空形式，反映在地图中就是一系列的带洞多边形（图 4-2）。这些多边形形式复杂，而且相互嵌套，是一个整体，属性结构完全相同。为了能够更精确地实现 OSM 建筑物数据质量评价，本节针对这类带洞多边形形式，提出带洞多边形相似性度量概念，并且针对该数据特征进行详细研究。

对于带洞多边形，许多相似性度量方法在解决内洞与内洞之间、内洞与整个复杂集合形状之间的关系是有限制的。一种成功的方法应该消除这些复杂关系的

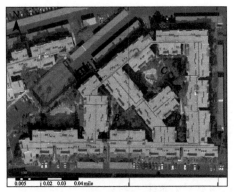

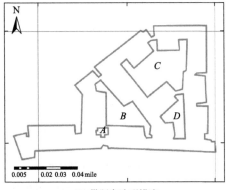

(a) 实际建筑物　　　　　　　　　(b) 带洞多边形描述

图 4-2　建筑物中带洞多边形描述

1mile=1.609344km

限制，并在几何变换(旋转、平移和缩放)的过程中保持不变。为了克服现有方法对这些问题的局限性，本节提出利用方位图来描述复杂几何形状中内洞分布，即利用角度和距离等不变量来描述这些关系。此外，简单多边形相似性度量模型中傅里叶描述子和基于方位图的描述方法用来度量带洞多边形之间的相似性。而本节提出的方法考虑了整个复杂几何形状的关系，即便带洞多边形包含了不同数量的内洞，提出的方法也可以有效地计算带洞多边形的相似性。

4.2.2　利用方位图内洞空间分布描述

　　带洞多边形之间的相似性度量可以分为两部分：内洞之间的相似性和多边形轮廓之间的相似性。带洞多边形的描述可以通过结合内洞和多边形之间的关系来完成。本节提出方法可以获得带洞多边形质心与其内洞之间的关系，用于描述带洞多边形的特征。

　　一些角度和距离用来描述多边形特征，且当带洞多边形平移、旋转和缩放时，它们是不变的。这些都用来描述内洞与内洞之间的关系以及内洞与多边形轮廓之间的关系。本节考虑多边形质心与内洞质心、内洞切点、内洞边界最远点、内洞边界最近点之间的距离，这些线之间的角度用来描述带洞多边形特征(图 4-3)。

　　多边形轮廓和内洞由一组有序的点组成，$S = \{p_i = (x_i, y_i), i = 1, 2, \cdots, n\}$，其中 n 是点的数量。质心 (x_c, y_c) 表示为

$$x_c = \frac{1}{n}\sum_{i=1}^{n} x_i, \quad y_c = \frac{1}{n}\sum_{i=1}^{n} y_i \tag{4.1}$$

其中，(x_i, y_i) 为数据集中任意点的坐标。

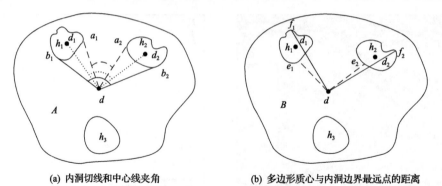

(a) 内洞切线和中心线夹角　　　　　(b) 多边形质心与内洞边界最远点的距离

图 4-3　几何变换中的一些特征不变量

多边形的内洞分布由切线所形成的角度、多边形质心与内洞中心点之间的欧几里得距离以及内洞轮廓上最远和最近的点来描述。它们由中心点方位图（center point position graph，CPPG）、最近点方位图（nearest point position graph，NPPG）、最远点方位图（farthest point position graph，FPPG）和最近切点方位图（nearest tangent point position graph，NTPPG）表示（图 4-4）。

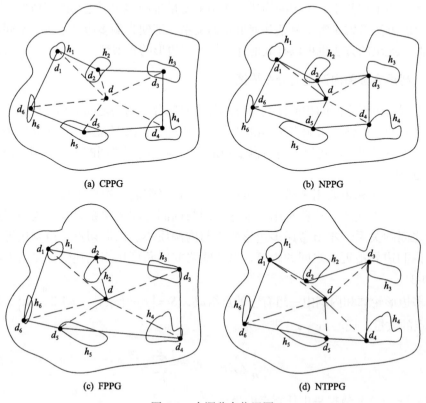

(a) CPPG　　　　　　　　　　　　　(b) NPPG

(c) FPPG　　　　　　　　　　　　　(d) NTPPG

图 4-4　内洞分布位置图

4.3　方位图描述与相似性度量

本节将引入平衡力的概念，用平衡力形成多边形原理去描述方位图。不考虑摩擦力的作用，假设一组力作用在可变的圆环上，则当力作用平衡时，圆环将形成一个多边形形状。任何多边形形状都可以用一组独特的平衡力来表达(图 4-5)。图形的每条边由两个大小相等且方向相反的力构成。力的大小和方向决定相邻的边，可以通过矢量加法的规则来计算。当边长归一化时，不论怎么变换，平衡力的组成都是不变的。

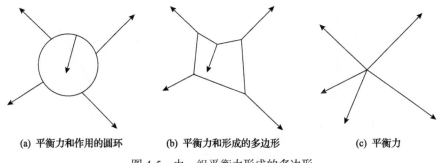

(a) 平衡力和作用的圆环　　　(b) 平衡力和形成的多边形　　　(c) 平衡力

图 4-5　由一组平衡力形成的多边形

这些力在坐标系中表现为力图。在轴上的每个力分解后，x 轴上总和与 y 轴上总和都为零：

$$\sum_{i=1}^{N} f_{ix}=0, \quad \sum_{i=1}^{N} f_{iy}=0 \tag{4.2}$$

其中，f_{ix} 为力 f_i 在 x 轴上的分量；f_{iy} 为力 f_i 在 y 轴上的分量；N 为力的数目。以相同的角度旋转坐标系原点周围的一组力，轴正负方向之和将会发生周期性的变化，周期为 180°。假设 $F_x(\alpha)$ 为 x 轴正负方向分解力的绝对值之和，$F_y(\alpha)$ 为 y 轴对应的值，力图的旋转角度为 α，它们表示为

$$F_x(\alpha)=\sum_{i=1}^{N}\left|f_{ix}(\alpha)\right| \tag{4.3}$$

$$F_y(\alpha)=\sum_{i=1}^{N}\left|f_{iy}(\alpha)\right| \tag{4.4}$$

然后，可以将投影比函数定义为

$$F(\alpha) = F_x(\alpha) / F_y(\alpha) \tag{4.5}$$

函数的周期为 180°。例如，两个方位图多边形是由于力作用在可变的圆环上而形成的(图 4-6(a)与(b))。B 和 B'是关于 A 对称的，G 与 G'同样也是关于 A 对称的(图 4-6(a))。通过平行四边形法[92]，可以计算 f_1 的方向和大小(图 4-6(b))。将平衡力投影到坐标系中，并且根据 α 进行旋转(图 4-6(c)与(d))，当 α 增加时投影比函数也会相应的变化(图 4-7)。从图 4-7 中可以知道，投影比函数可以非常好地表达方位图多边形。

方位图可以用投影比函数 $F(\alpha)$ 来描述，它们之间的相似性由投影比函数图差异度来表示，由最小平均误差(minimum mean error，MME)计算。

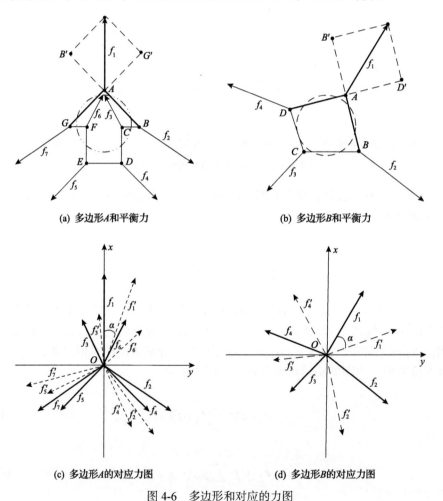

(a) 多边形A和平衡力　　　　　　　　　　(b) 多边形B和平衡力

(c) 多边形A的对应力图　　　　　　　　　(d) 多边形B的对应力图

图 4-6　多边形和对应的力图

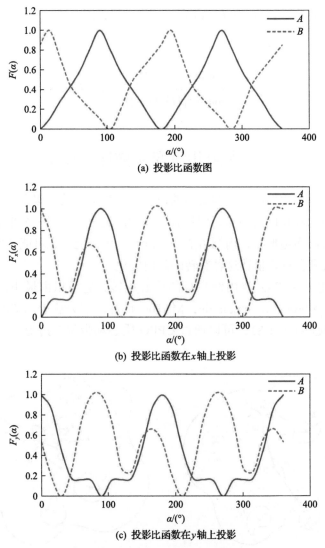

(a) 投影比函数图

(b) 投影比函数在 x 轴上投影

(c) 投影比函数在 y 轴上投影

图 4-7　图形 A 和图形 B 对应的投影比函数图

采样点分散在 180° 的周期内，将旋转角度 α 作为离散值 i，然后计算方位图 P_1 和方位图 P_2 的 MME：

$$M_{P_1 P_2}(l) = \frac{1}{N} \sum_{i=0}^{N-1} \left| F_1(i) - F_2(i-l) \right| \qquad (4.6)$$

其中，$F_1(i)$ 和 $F_2(i-l)$ 分别为方位图 P_1 和方位图 P_2 的投影比函数；$0 \leqslant l \leqslant N-1$，其中 l 是两个函数的相对偏移值，N 是离散样本点的数量，较大的 N 值将得到更精确的结果。此处，$F_1(x)$ 和 $F_2(x)$ 为归一化结果，因此 $F \in [0,1]$，且方位图的相似度为

$$\text{sim}_{\text{p\_g}} = 1 - \frac{\min\{M_{P_1P_2}(l)\}}{\max\{F_1(i), F_2(i)\}}, \quad 0 \leqslant l, i \leqslant N-1 \tag{4.7}$$

4.4　内洞几何变换描述与度量

在一个带洞多边形中，内洞之间的位置关系是不变的。假设两个带洞多边形具有相同的轮廓和相同的内洞，但具有不同的内洞分布。当一个带洞多边形转换为另外一个带洞多边形时，内洞可能发生旋转，内洞之间也可能彼此交换位置。通过定义自旋和公旋来描述这种旋转的几何变化。

自旋描述了 CPPG 绕内洞自身的质心旋转，它可以由最小面积外接矩形 (minimum area bounding rectangle，MABR)计算。而公旋表示 CPPG 围绕多边形质心 O 的旋转(图 4-8)，可以通过 CPPG 质心和带洞多边形质心之间的向量来计算。

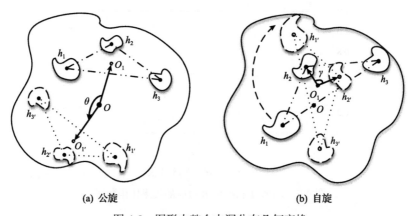

(a) 公旋　　　　　　　　　　　　(b) 自旋

图 4-8　图形中整个内洞分布几何变换

假设 u_1 是多边形质心 O 到多边形 MABR 起始点 S(与多边形质心最近的点)的向量，u_2 是 O 到 CPPG 质心 O_1 的向量。两个向量之间角度 β 的变化表示公旋角 θ (图 4-8(a))。这里，β 定义为中心角(center angle，CA)，当 u_1 位于 u_2 左边时，β 为负(图 4-9(a))。当 CPPG 围绕多边形质心旋转时，β 将发生变化。在旋转过程中，所有内洞分布的带洞多边形之间的相似性会随着 β 之间差异的减少而增加，可以度量为

$$\text{sim}_{r1} = 1 - \frac{|\beta_1 - \beta_2|}{360°} \tag{4.8}$$

其中，sim_{r1} 为相似度；β 为前面定义的方位图 CA。

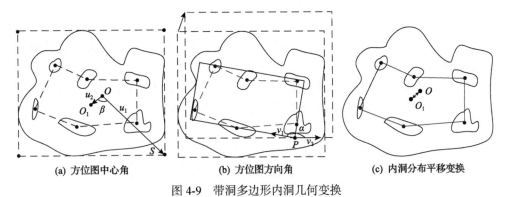

(a) 方位图中心角　　　　　(b) 方位图方向角　　　　　(c) 内洞分布平移变换

图 4-9　带洞多边形内洞几何变换

CPPG 自旋由方向角表示，多边形方向由 MABR 的主方向确定[93,94]（图 4-9(b)）。假设 v_1 是 CPPG 的方向向量，v_2 是带洞多边形的方向向量，α 是 v_1 和 v_2 之间的夹角，定义为相对方向角(relative direction angle, RDA)。当 $\vec{v}_1$ 在 $\vec{v}_2$ 左边时，α 为负。不同带洞多边形之间的 α 差异表示自旋角 γ（图 4-8(b)）。当全部内洞分布旋转时，随着 α 差异的减少，带洞多边形之间的相似性增强，可以度量为

$$\text{sim}_{r2} = 1 - \frac{|\alpha_1 - \alpha_2|}{360°} \tag{4.9}$$

其中，sim_{r2} 为相似度；α_1 和 α_2 为属于两个不同带洞多边形的方向角。

CPPG 的移动和缩放定义为方位图的位置改变，换言之，所有内洞都在多边形内移动。移动主要描述多边形内方位图的平移变换，当所有的内洞在整体内部远离或者靠近质心时发生缩放变化。但这些变换都不会改变 CPPG 的形状，只是改变其尺寸。距离是度量空间物体之间相对位置的重要参数[95]，因此用不同距离来描述移动与缩放。

CPPG 相对于多边形移动的距离由相对中心距离(relative center distance, RCD) l 描述，它是由多边形质心与 CPPG 质心（图 4-9(c)）之间的欧几里得距离除以半径 R 得到的。计算公式为

$$l = \frac{\sqrt{(x(O) - x(O_1))^2 + (y(O) - y(O_1))^2}}{R} \tag{4.10}$$

其中，$(x(O), y(O))$ 和 $(x(O_1), y(O_1))$ 分别为多边形质心和 CPPG 质心；R 为多边

形的平均半径。

当 CPPG 平移时，带洞多边形之间的相似性可以度量为[96]

$$\text{sim}_m = 1 - \frac{|l_1 - l_2|}{\max\{l_1, l_2\}} \tag{4.11}$$

其中，sim_m 为随着 l_1 和 l_2 之间差异的减少而增加的相似度；l_1 和 l_2 为属于带洞多边形的 RCD。

为了描述 CPPG 缩放几何变换，引入扩展豪斯多夫距离用于解决多边形边沿部分的问题 (图 4-10)。扩展豪斯多夫距离的修正模型为

$$h^{f_1}(A, B) = \min\left\{\varepsilon_i : f_1 = \frac{\vartheta\big((B \oplus S(\varepsilon_i)) \cap A\big)}{\vartheta(A)}\right\} \tag{4.12}$$

$$h^{f_2}(B, A) = \min\left\{\varepsilon_j : f_2 = \frac{\vartheta\big((A \oplus S(\varepsilon_j)) \cap B\big)}{\vartheta(B)}\right\} \tag{4.13}$$

扩展豪斯多夫距离可以重新定义为

$$H^{f_1 f_2}(A, B) = \max\left\{\min\left\{\varepsilon_i : f_1 = \frac{\vartheta\big((B \oplus S(\varepsilon_i)) \cap A\big)}{\vartheta(A)}\right\}, \min\left\{\varepsilon_j : f_2 = \frac{\vartheta\big((A \oplus S(\varepsilon_j)) \cap B\big)}{\vartheta(B)}\right\}\right\} \tag{4.14}$$

其中，$\vartheta(\cdot)$ 为取一个值作为区域面积或线段长度的度量函数，若 A (或 B) 是一个点，则 $\vartheta(\cdot)$ 取值为 0 (对于空集) 或 1 (对于非空集)；$\oplus$ 符号为数学形态学中的扩张算子，表示闵可夫斯基和；$S(\varepsilon)$ 为半径等于 ε 的圆[97]。

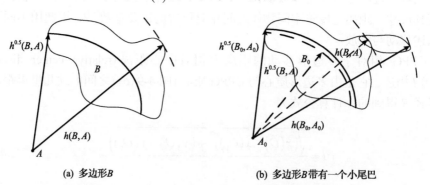

(a) 多边形 B   (b) 多边形 B 带有一个小尾巴

图 4-10 扩展豪斯多夫距离在度量点-面距离的应用

方位图缩放几何变换由多边形质心和内洞之间的平均扩展豪斯多夫距离除以一个半径 R 表示，定义为相对扩展豪斯多夫距离（relative extended Hausdorff distance，REHD）：

$$\text{Dis} = \frac{1}{NR} \sum_{i=0}^{N} H_i \tag{4.15}$$

其中，H_i 为从多边形质心到内洞 i 的扩展豪斯多夫距离；N 为内洞的数量；R 为多边形的平均半径。

CPPG 缩放中的带洞多边形之间的相似性度量为

$$\text{sim}_s = 1 - \frac{\left| \text{Dis}_p - \text{Dis}_q \right|}{\max \left\{ \text{Dis}_p, \text{Dis}_q \right\}} \tag{4.16}$$

其中，sim_s 为相似度；Dis 由式(4.15)定义。

4.5 内洞与轮廓形状相似性度量

为了度量不同多边形中内洞的相似性，首先内洞需要一一匹配。假如带洞多边形（图 4-11）分别有三个内洞和两个内洞。不同的匹配结果为 $(h_1, h_{2'})$、$(h_2, h_{3'})$ 或 $(h_1, h_{3'})$、$(h_2, h_{2'})$，将导致不同的相似性。

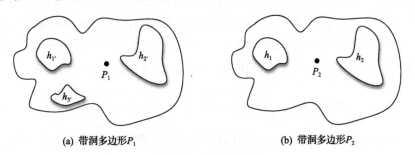

(a) 带洞多边形 P_1 (b) 带洞多边形 P_2

图 4-11 带洞多边形

内洞匹配分为过滤和优化两个过程。在过滤阶段，假设 h_i 是 P_1 中任意一个内洞，$\{H_i\}$ 是 P_2 中 h_i 可能匹配的结果集，其中 $i \in (1, m)$，m 是 P_1 中内洞的数量。如果没有匹配 h_i 的内洞，那么匹配结果集为 $\{H - \{H_i\}\}$；优化阶段会在 P_2 中选择出与 P_1 对应的唯一内洞。

本节在过滤阶段应用缓冲区分析。首先需要在 P_2 中建立一个以 Q 为圆心、以 r_i 为半径的圆来获得 P_1 中内洞 h_i 的匹配结果集，所有在这个圆内或与之相交的内洞都是候选对象（图 4-12）。这里，Q 是 CPPG 中的点，d_{2_i} 是 Q 与 CPPG 的 MABR

起始点 S 之间的距离。向量 SQ 与方位图的方向向量之间的夹角表示为 δ，δ 是起始点 S' 到内洞 h_i 质心的向量与多边形 P_1 的 CPPG 方向向量之间的角度。d_{2_i} 计算公式为

$$d_{2\_i} = d_{1\_i} \times \frac{R_2}{R_1} \tag{4.17}$$

其中，d_{1_i} 为 MABR 起始点 S' 和内洞 h_i 质心之间的距离，MABR 为 P_1 中 CPPG 的最小面积外接矩形；R_1 和 R_2 分别为带洞多边形 P_1 和 P_2 的平均半径。

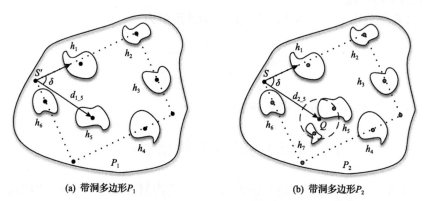

(a) 带洞多边形 P_1　　　　　　　　　　(b) 带洞多边形 P_2

图 4-12　内洞匹配优化阶段

假设 P_1 中的内洞 h_i 与 P_2 中除 $\{H_i\}$ 外的内洞之间的相似度等于零，则它们之间的距离无穷大。这样，需要 n 行 m 列的距离矩阵 D，其中 m 和 n 分别是带洞多边形 P_1 和带洞多边形 P_2 中内洞的数量，假设 $m>n$。然后将距离矩阵 D 的元素 d_{ij} 定义为 $d_{ij} = \mathrm{dis}(h_i, h_j)$，用来表示质心 h_i 和质心 h_j 之间的欧几里得距离：

$$\mathrm{dis}(h_i, h_j) = \sqrt{\left(x(h_i) - x(h_j)\right)^2 + \left(y(h_i) - y(h_j)\right)^2} \tag{4.18}$$

其中，$(x(h_i), y(h_i))$ 和 $(x(h_j), y(h_j))$ 分别为质心 h_i 和质心 h_j 的笛卡儿坐标。

变量可以定义为

$$x_{ij} = \begin{cases} 1, & P_1 \text{中的质心 } h_i \text{ 与 } P_2 \text{中的质心} h_j \text{匹配} \\ 0, & P_1 \text{中的质心 } h_i \text{ 与 } P_2 \text{中的质心} h_j \text{不匹配} \end{cases}$$

距离矩阵 D 和决策变量矩阵 X 可以表示为

$$D = \begin{bmatrix} d_{11} & d_{12} & \cdots & d_{1n} \\ d_{21} & d_{22} & \cdots & d_{2n} \\ \vdots & \vdots & & \vdots \\ d_{m1} & d_{m2} & \cdots & d_{mn} \end{bmatrix}, \quad X = \begin{bmatrix} x_{11} & x_{12} & \cdots & x_{1n} \\ x_{21} & x_{22} & \cdots & x_{2n} \\ \vdots & \vdots & & \vdots \\ x_{m1} & x_{m2} & \cdots & x_{mn} \end{bmatrix}$$

因此，计算匹配结果的模型为

$$\min Z = \sum_{i=1}^{m}\sum_{j=1}^{n}d_{ij}x_{ij}, \quad \text{s.t.}\begin{cases}\sum_{i=1}^{m}x_{ij}=1, & j=1,2,\cdots,n \\[2mm] \sum_{j=1}^{n}x_{ij}=1, & i=1,2,\cdots,m \\[2mm] x_{ij}=1\,\text{或}\,0, & i=1,2,\cdots,m, \quad j=1,2,\cdots,n\end{cases} \tag{4.19}$$

在这个阶段，为了找到一对一的匹配结果，需要计算不同行和不同列中的对应元素最小和。通过使用匈牙利算法[98]来计算最小和，并利用算法中的决策变量矩阵 X 来计算匹配结果。

匹配内洞之后，它们之间的相似性度量为

$$\text{sim}_{h\_s}=\frac{1}{n}\sum_{i=0}^{n}\left(1-d_i\right) \tag{4.20}$$

其中，sim_{h_s} 为相似度；n 为匹配的内洞数量；d 为欧几里得距离。

4.6　带洞区整体相似性度量

将区边界看成简单区的单体，计算得到要比较的带洞区边界相似度 sim_e，将带洞多边形的相似度 sim 定义为前面提到的所有相似度的加权和：

$$\begin{aligned}\text{sim} &= w_{p\_g}\times\text{sim}_{p\_g}+w_{r1}\times\text{sim}_{r1}+w_{r2}\times\text{sim}_{r2}+w_m\times\text{sim}_m \\ &\quad +w_s\times\text{sim}_s+w_{h\_s}\times\text{sim}_{h\_s}+w_e\times\text{sim}_e\end{aligned} \tag{4.21}$$

其中，w 为所有不同领域中每个相似度的权重，且

$$w_{p\_g}+w_{r1}+w_{r2}+w_m+w_s+w_{h\_s}+w_e=1 \tag{4.22}$$

4.7　案　例　分　析

4.7.1　实验数据

以东非高原上维多利亚湖两种分辨率下的多边形数据(图 4-13)为示例数据。

多边形 *A* 的分辨率为 10m，有 15 个孔洞；多边形 *B* 的分辨率为 50m，有 4 个孔洞。用上述带洞区整体相似性度量的方法测量两个多边形之间的相似度。

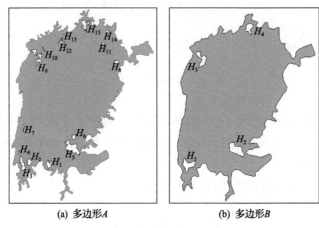

(a) 多边形*A*　　　　　　(b) 多边形*B*

图 4-13　不同分辨率下维多利亚湖的示例数据

4.7.2　实验结果

1. 构建方位图

根据 4.2 节中的方法构建 CPPG、FPPG、NPPG 和 NTPPG（图 4-14 和图 4-15）。投影比函数 $F(\alpha)$（图 4-16）由式 (4.5) 得到。在 180° 的周期内，本节实验的样本点数量 *N* 为 40，旋转步长为 180°/40 = 4.5°。

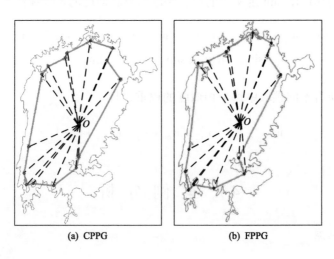

(a) CPPG　　　　　　(b) FPPG

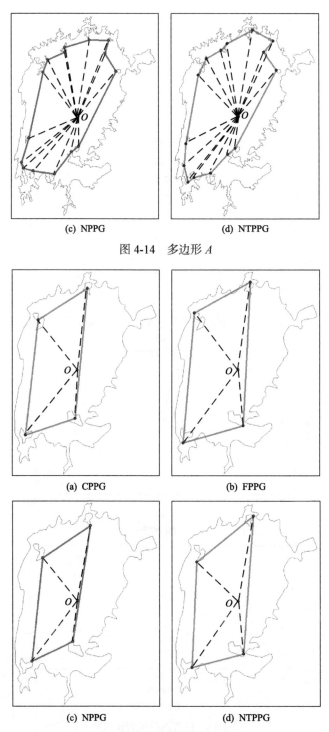

(c) NPPG　　　　　　　(d) NTPPG

图 4-14　多边形 A

(a) CPPG　　　　　　　(b) FPPG

(c) NPPG　　　　　　　(d) NTPPG

图 4-15　多边形 B

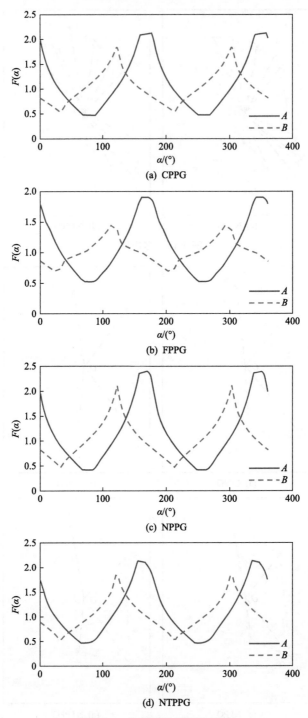

图 4-16   位置图的投影比函数

通过 MME 和投影比函数的最大值 $\max V$ 来度量相似性。构建 CPPG、FPPG、NPPG 和 NTPPG，计算波形的 MME 和 $\max V$ 后，计算相似度如表 4-1 所示。位置图相似度为 $\text{sim} = (0.8872 + 0.8285 + 0.8992 + 0.8868)/4 \approx 0.8754$。

表 4-1　方位图的 MME、$\max V$ 和 sim

变量	CPPG	FPPG	NPPG	NTPPG
MME	0.1863	0.2365	0.1992	0.1883
$\max V$	1.6526	1.3790	1.9764	1.6629
sim	0.8872	0.8285	0.8992	0.8868

2. 分布平移

点 O_A 和点 O_B 分别是多边形 A 和多边形 B 的质心。质心 O 与孔洞 H_i 之间的距离由扩展豪斯多夫距离计算（4.4 节）。在本实验中，扩展豪斯多夫距离为测量点与多边形质心之间的距离。因此，$f_1 = 1$，$f_2 = 0.5$。应用式（4.12）与式（4.13）中 h^{f_1} 和 h^{f_2} 的结果如表 4-2 和表 4-3 所示。

表 4-2　多边形 A 的质心与孔洞之间的扩展豪斯多夫距离

孔洞	$h^{f_1}(O_A, H_i)$	$h^{f_2}(H_i, O_A)$	$H^{f_1, f_2}(O_A, H_i)$
孔洞 1	138345.496370	147964.706882	147964.706882
孔洞 2	157743.808925	166372.925285	166372.925285
孔洞 3	168666.921469	179907.975790	179907.975790
孔洞 4	163182.565272	165993.942694	165993.942694
孔洞 5	80486.561944	98380.516992	98380.516992
孔洞 6	66806.294632	72271.298589	72271.298589
孔洞 7	121068.786267	125812.148509	125812.148509
孔洞 8	132126.800546	136678.115517	136678.115517
孔洞 9	124679.850027	138506.066356	138506.066356
孔洞 10	141578.714692	146501.270981	146501.270981
孔洞 11	151547.696805	155138.535554	155138.535554
孔洞 12	144619.592861	148734.727419	148734.727419
孔洞 13	154336.409564	159393.632418	159393.632418
孔洞 14	181897.526133	185049.794559	185049.794559
孔洞 15	170132.662208	188414.791440	188414.791440

表 4-3　多边形 **B** 的质心与孔洞之间的扩展豪斯多夫距离

孔洞	$h^{f_1}(O_B, H_i)$	$h^{f_2}(H_i, O_B)$	$H^{f_1 f_2}(O_B, H_i)$
孔洞 1	164281.915769	180074.321822	180074.321822
孔洞 2	88250.895359	104859.071951	104859.071951
孔洞 3	119363.961612	131951.001730	131951.001730
孔洞 4	163167.724781	179077.038695	179077.038695

孔洞分布的旋转用 RDA 来描述，多边形 A 的 CPPG 的 MABR 方向角 θ_A = 70.0472714°，多边形 B 的 CPPG 的 MABR 方向角为 θ_B =66.6233032°。多边形 A 轮廓的 MABR 角 λ_A =67.3699989°，多边形 B 轮廓的 MABR 角 λ_B =67.3835773°。因此，多边形 A 和多边形 B 的 RDA 分别为 $\alpha_A = \theta_A - \lambda_A \approx$ 2.677273°和 $\alpha_B \approx \theta_B - \lambda_B =$ −0.76027°（图 4-17（a）），相似度由式（4.9）计算。

多边形 A 的质心到位置图质心的向量为 CC_A，多边形 A 的质心到 MABR 起始点的向量为 CM_A；多边形 B 对应的向量为 CC_B 和 CM_B。因此，位置图的 CA 计算为 β_A = −134.3748°，β_B = −106.0044°（图 4-17（b））。应用式（4.8）计算多边形 A 和多边形 B 考虑其孔洞分布旋转的相似度。

然后，RCD 由式（4.10）计算，REHD 由式（4.14）和式（4.15）计算。相似度 sim_{r1} = 0.921193、sim_{r2} =0.990451、sim_m =0.860201、sim_s =0.985849（表 4-4）。

表 4-4　多边形 **A** 和多边形 **B** 的几何平移与相似性因素

多边形	CA(β)	RDA(α)	RCD	REHD
多边形 A	−134.374800	2.677273	0.248749	0.916773
多边形 B	−106.004400	−0.760270	0.289175	0.929932
sim	0.921193	0.990451	0.860201	0.985849

在滤波器匹配阶段，实验将多边形 B 中的孔洞 H_i 与多边形 A 中的内洞进行匹配。首先，计算多边形 A 的半径 R_A 和多边形 B 的半径 R_B。CPPG 的 MABR 起始点与多边形 B 的孔洞之间的距离计算为集合 d_B，则集合 d_A 可由 d_A = $(R_A / R_B) \times d_B$ 计算。接着，计算 CPPG 的 MABR 起始点到孔洞 H_i 质心的矢量与 CPPG 在多边形 B 中的方向矢量之间的夹角，得到 δ ={90°, 0°, 33.8138°, 14.0361°}。多边形 B 上的每个孔洞对应一个点 Q_i(i = 1, 2, 3, 4；图 4-17（c））在多边形 A 上。

以 Q_i 为质心，以孔洞 H_i 的最大弦为半径 r，在多边形 A 中构建一个圆形缓冲区（图 4-17（c））。匹配结果为：多边形 B 中的孔洞 H_{1_B} 与多边形 A 中的孔洞集{ H_{1_A}，

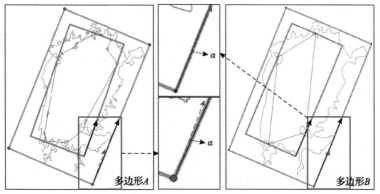

(a) 多边形A和多边形B的自旋描述图

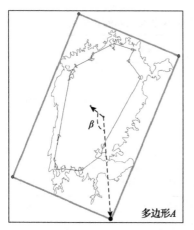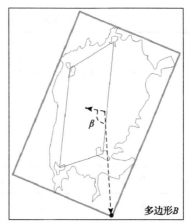

(b) 多边形A和多边形B的公旋描述图

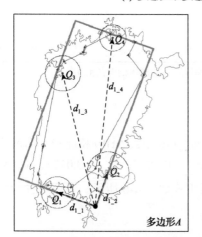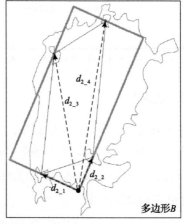

(c) 多边形A和多边形B在滤波阶段的匹配结果

图 4-17　孔洞分布角度及匹配结果

H_{2_A}, H_{3_A}}匹配，多边形 B 中的孔洞 H_{2_B} 与多边形 A 中的孔洞集{H_{5_A}, H_{6_A}}匹配，多边形 B 中的孔洞 H_{3_B} 与多边形 A 中的孔洞集{H_{9_A}, H_{10_A}}匹配，多边形 B 中的孔洞 H_{4_B} 与多边形 A 中的孔洞集{H_{15_A}}匹配。

基于滤波匹配结果，使用傅里叶描述子。在细化阶段，多边形 A 中最多有一个孔洞与多边形 B 中一个孔洞匹配。根据表 4-5，采用匈牙利算法得到最终匹配结果{(H_{1_B}, H_{3_A})、(H_{2_B}, H_{6_A})、(H_{3_B}, H_{9_A})、(H_{4_B}, H_{15_A})}。相似度为{0.777248, 0.795424, 0.851139, 0.639930}，$\text{sim}_{h\_s} = 0.7659$。同样，多边形 A 和多边形 B 轮廓的相似度也可以用傅里叶描述子方式来计算。本例相似度 $\text{sim}_e = 0.9671$。

表 4-5　多边形 A 和多边形 B 之间孔洞的相似度

孔洞	孔洞 1	孔洞 2	孔洞 3	孔洞 4	孔洞 5	孔洞 6	孔洞 7
孔洞 1	0.626726	0.605706	**0.777248**	0	0	0	0
孔洞 2	0	0	0	0	0.723291	**0.795424**	0
孔洞 3	0	0	0	0	0	0	0
孔洞 4	0	0	0	0	0	0	0

孔洞	孔洞 8	孔洞 9	孔洞 10	孔洞 11	孔洞 12	孔洞 13	孔洞 14	孔洞 15
孔洞 1	0	0	0	0	0	0	0	0
孔洞 2	0	0	0	0	0	0	0	0
孔洞 3	0	**0.851139**	0.649854	0	0	0	0	0
孔洞 4	0	0	0	0	0	0	0	**0.639930**

注：行孔洞属于多边形 A，列孔洞属于多边形 B，粗体值为最终匹配结果的相似度。

4.7.3　相似度测量

权重采用层次分析法（analytic hierarchy process，AHP）和优先考虑拓扑的原则计算，$w_{p\_g} = 0.1799$、$w_{r1} = 0.0868$、$w_{r2} = 0.0868$、$w_m = 0.0374$、$w_s = 0.0374$、$w_{h\_s} = 0.1752$、$w_e = 0.3965$。权重判断矩阵如表 4-6 所示。多边形 A 与多边形 B 的相似度由式(4.21)计算。

$$\begin{aligned} \text{sim} = {}& w_{p\_g} \times 0.875439 + w_{r1} \times 0.921193 + w_{r2} \times 0.990451 + w_m \times 0.860201 \\ & + w_s \times 0.985849 + w_{h\_s} \times 0.765935 + w_e \times 0.967132 = 0.910124 \end{aligned}$$

表 4-6　权重判断矩阵用于层次分析法

项目	sim_{p_g}	sim_{r1}	sim_{r2}	sim_m	sim_s	sim_{h_s}	sim_e
sim_{p_g}	1	3	3	5	5	1/2	1/3
sim_{r1}	1/3	1	1	3	3	1/2	1/5
sim_{r2}	1/3	1	1	3	3	1/2	1/5
sim_m	1/5	1/3	1/3	1	1	1/4	1/7
sim_s	1/5	1/3	1/3	1	1	1/4	1/7
sim_{h_s}	2	2	2	4	4	1	1/5
sim_e	3	5	5	7	7	3	1

4.7.4　分析与讨论

位置图由投影比函数描述。在计算相似性时，平衡力必须绕坐标原点旋转，形成波浪。然而，旋转角度的步长在相似性度量中起重要的作用。因此，分析旋转角度对相似性计算的影响。

以两个多边形及其对应的受力图 4-18 为例。离散点数目 N 分别为 5、10、15、20、25 和 45，旋转步长分别为 $180°/5 = 36°$、$180°/10 = 18°$、$180°/15 = 12°$、$180°/20 = 9°$、$180°/25 = 7.2°$ 和 $180°/45 = 4°$（图 4-19）。当 $N=5$、$N=10$ 或 $N=15$

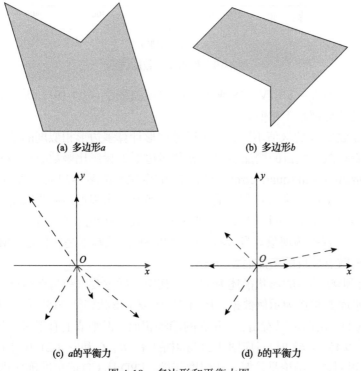

(a) 多边形 a　　　　　　　　　　(b) 多边形 b

(c) a 的平衡力　　　　　　　　　(d) b 的平衡力

图 4-18　多边形和平衡力图

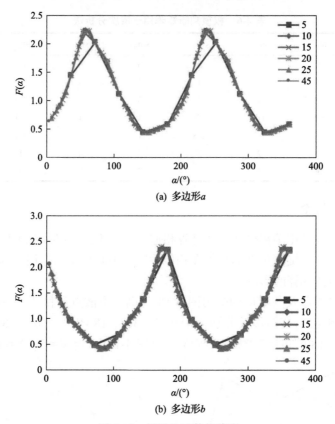

(a) 多边形 a

(b) 多边形 b

图 4-19　投影比函数的波形

时误差较大，当 $N=20$、$N=25$ 或 $N=45$ 时误差较小(图 4-19)。无论旋转角度的值如何，其波形都趋于相似。

离散点数目 N 的取值不同，影响通过波形计算多边形相似度的精度，图 4-20 显示了随着离散点数目的增加多边形 a 和多边形 b 投影比函数波形图的最小均方误差(minimum mean square error，MMSE)的变化。由图 4-20 可以发现，当 $N<20$ 时，MMSE 走势随着离散点数目的增加趋于减小，出现振荡的原因是平衡力投影比函数波形图的相位不同，如果两条波形图的相位差恰好不是旋转步长的倍数时，MMSE 就会出现振荡现象。当 $N>40$ 时，MMSE 曲线基本趋于稳定，MMSE 几乎不再随着离散点数目的增加而发生变化。

将具有形状签名的形状描述为 FPD，其中包括过渡点和角点信息。使用上一章提到的水库数据作为示例数据。图 4-22 比较了形状特征 FPD 和经典形状特征中心距离 CD，由图可以看出，a 和 b 的趋势相似，但细节上有很多差异。当点指数为 0.18、0.45、0.63 时(对应图 4-21(a)中的 A、B、C 和图 4-21(b)中的 A'、B'、C')，差异很明显。结论是，对于相似度测量，FPD 比 CD 能更准确地描述形状。

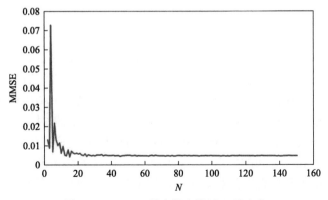

图 4-20　MMSE 随离散点数目 N 的变化

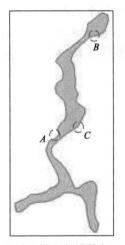

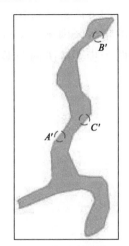

(a) 大比例尺下顶点数为221　　　　　　(b) 小比例尺下顶点数为55

图 4-21　MMSE 随着离散点数目 N 变化的走势图

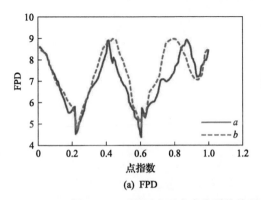

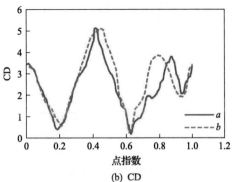

(a) FPD　　　　　　　　　　　　　　(b) CD

图 4-22　不同尺度下水库的形状特征 FPD 和经典形状特征中心距离 CD

4.7.5　结论

　　带洞区的相似性度量在图形检索以及数据更新方面有很重要的应用，本章建立了完整的带洞区相似性度量模型，该模型可以对带洞区内洞数量相同或不同进行相似性计算。在相似性度量模型中，本章提出了通过方位图描述法对内洞在带洞区中的分布进行表达，可以形象准确地描绘内洞之间的相对关系以及带洞区的一些几何特征不变量，利用基于平衡力的多边形构造法描述带洞区内洞方位图形，充分利用力和形之间的关系，形象地表示出简单的多边形方位图。带洞区图形之间内洞方位图和外轮廓的相对关系可以通过一系列几何变换相互转换，为了解决这种几何变换前后的相似性度量问题，本章提出了内洞方位图自旋、公旋的概念来描述内洞的整体旋转变化，通过计算不同距离变化来得到平移、缩放前后变化。不同的带洞区内洞数量有可能不同，但也存在一定的相似度，本章采用过滤和优化两个步骤解决内洞形状相似性计算过程中带洞区之间内洞一一匹配的问题。

第5章　复合建筑物相似性计算

5.1　复合建筑物定义

什么是复合建筑物呢？在GIS中，一些连栋建筑物常会表示成多个多边形，但这些多边形又是一个整体，组成完整的建筑物，这些多边形之间彼此相邻或者相离，属性结构完全相同。这类建筑物反映在地图中就是一系列的复合多边形（图5-1）。

　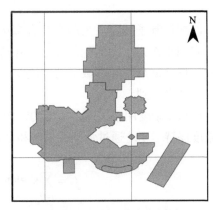

(a) 实际建筑物　　　　　　　(b) 建筑物在地图中的复合多边形表示

图 5-1　实际建筑物及其在地图中的复合多边形表示

具体来讲，复合建筑物拥有以下特点。

（1）多边形组成：复合建筑物由多个多边形组成，这些多边形相对应于建筑物的不同部分或不同区域，对于地图学，这种建模方法能够更准确地表示建筑物的形状和结构。

（2）相邻或相离：复合建筑物的多边形可以相邻、相交，也可以相离，该特点也反映了真实世界中建筑物的多样性，有些建筑物紧密相连，而有些可能在一定的距离内分布。

（3）属性结构一致：复合建筑物的各个多边形具有相同的属性结构，即它们共享相同的属性信息，如建筑物的用途、高度、所有权等。这有助于简化数据管理和提高查询效率。

（4）整体性：虽然复合建筑物由多个多边形组成，但在GIS中它们被视为一个整体。这有助于更好地理解和处理建筑物，特别是在空间分析和规划应用中。

复合多边形作为构成建筑物的一个重要空间数据几何特征表达，结构复杂，使得复合多边形之间的相似性难以计算。针对复合多边形中子多边形分布与整体形状相似性计算复杂问题，本章提出一种基于凸包矩变量和位置图的相似性度量模型。在控制多边形的基础上对属于每个复合多边形的子多边形进行匹配。利用位置图描述复合多边形的子多边形分布，并应用转角方程计算位置图间的相似性。将基于凸包矩变量结合 3.3 节中简单多边形相似性度量模型所提到的傅里叶变换来度量相似性。该方法考虑子多边形与整个复合多边形的关系，即使各子多边形数目不同，也能有效地计算出复合多边形的相似性。

5.2 复合建筑物的匹配控制子图

匹配控制子图定义为两个复合多边形之间最相似且对于匹配最重要的子多边形，它用来作为子图匹配的参考。在这项工作中，控制多边形由简单图形形状相似性、形状复杂度和邻域支持度决定。其中，简单图形形状相似性由第 3 章中描述方法计算得到。

形状复杂度用来描述多边形的结构，当一个多边形平移、缩放或旋转时其形状复杂度保持不变。通过骨架线长度和多边形周长之间的关系计算形状复杂度：

$$C = \sum_{i=0}^{m} \text{skeletonline}_i / \text{Perimeter} \tag{5.1}$$

其中，m 为多边形中骨架线的数量。

邻域支持度用来描述匹配对的邻域兼容性程度。假设复合多边形 M_1 中的子多边形 a_i 与复合多边形 M_2 中的子多边形 b_j 相匹配，则 a_i 和 b_j 的邻域应一致。也就是说，子多边形 a_i 缓冲区 r 中的邻域 A 与子多边形 b_j 缓冲区 r 中的邻域 B 相似。

本节采用邻域的平均形状相似性来计算邻域支持度，在邻域支持度计算过程中也引入匈牙利算法[93]来寻找匹配对。首先，需要一个具有 n 行 m 列的矩阵 D，其中 m 和 n 分别是邻域 A 和邻域 B 的数量。假设 $m>n$，然后将矩阵 D 的一个元素 d_{ij} 定义为 $d_{hk} = 1 - \text{sim}(a_h, b_k)$，其中 $\text{sim}(a_h, b_k)$ 表示 a_i 的邻域 a_h 和 b_j 的邻域 b_k 之间的形状相似度。最后通过优化式(4.19)求解最优匹配。邻域支持度的计算公式为

$$\text{NS} = \frac{1}{m} \sum_{h=1}^{m} \text{sim}_h \tag{5.2}$$

其中，sim_h 为邻域中第 h 匹配对。

匹配控制子图多边形在匹配中起重要作用，这种重要性可以通过形状相似性、形状复杂度和邻域支持度乘积计算，得

$$\text{IM} = S \times C \times \text{NS} \tag{5.3}$$

其中，S 为形状相似性。

通过叠加不同目标区中的控制多边形对，进而实现对不同数据集中复合多边形 M_1 和 M_2 中的子多边形匹配。若子多边形相交，则该子多边形与其他子多边形匹配。这样，具有 $m{:}n$ 对应关系的复合多边形可以分解成一些简单的关系，如 1:1 或 1:o，其中 $o{<}m$ 且 $o{<}n$。

5.3　基于转角方程的匹配位置图相似性度量

复合多边形中的每一个多边形都是整个实体的一部分，子多边形之间的关系包括方向、距离、拓扑结构等，这些可以用位置图来描述。为了更详细、更准确地描述分布，基于匹配结果建立了位置图，故将其定义为匹配位置图。匹配位置图由多边形的质心组成，若一个复合多边形中的一个子多边形与另一个复合多边形中的两个或多个子多边形相匹配，则这些子多边形被视为一组来计算质心。根据 5.2 节提出的理论，假如复合多边形 B 中的子多边形 a_1 与复合多边形 A 中的子多边形 a 和子多边形 d 相匹配，在建立匹配位置图时，将子多边形 a 和子多边形 d 作为一组来计算质心。通过这种方法，可以建立匹配位置图(图 5-2)，它以角度和距离表示整个实体各个子多边形之间的分布关系。

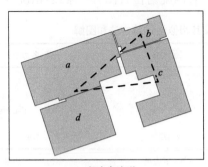
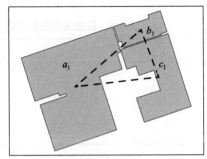

(a) 复合多边形 A　　　　　　　　(b) 复合多边形 B

图 5-2　复合多边形及其对应的位置图

匹配位置图多边形可以通过一个转角方程来描述，它使用角度和长度来表示多边形，其中角度为顶点处的切角，长度与多边形的边长相对应，在波形方式表

达多边形的过程中，长度将归一化（图 5-3），角度可以视为归一化边长 TA(l) 的周期函数。转角方程 TA(l) 表示为准化累积长度 l 在逆时针方向的增加。图 5-3(a) 为多边形 A 顶点处的转角（如 θ），逆时针方向为正，顺时针方向为负。图 5-3(b) 显示了转角余弦值(y 轴)沿多边形边长(x 轴)的标准化长度变化产生的波形。

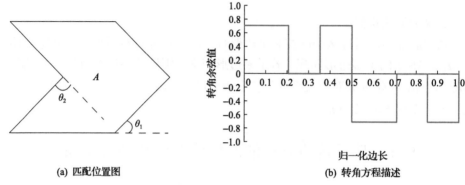

| (a) 匹配位置图 | (b) 转角方程描述 |

图 5-3　多边形及其对应的转角

5.4　复合建筑物分布的对比

通过以上分析，可以建立匹配位置图。然而，并不是所有复合多边形的匹配位置图都可以用多边形来构建。同时，点和线也是匹配位置图的表达形式。为了计算分布的相似性，本节定义了六种情况，并用不同的方法计算不同情况下的相似性（表 5-1）。在计算相似性时，若匹配对位置图有一个点（情况 1、情况 2 和情况 3），则可以根据顶点数量得到相似度；若匹配对位置图有一条线（情况 4 和情

表 5-1　位置图的匹配方式及其相似性计算方法和图解

项目	点：点	点：线	点：多边形
图解			
相似性	1	1/2	$1/n$

项目	线：线	线：多边形	多边形：多边形
图解			
相似性	$\cos(l_1, l_2) \times \min\{l_1, l_2\}/\max\{l_1, l_2\}$	$\cos(l_1, l_p) \times \min\{l_1, l_p\}/\max\{l_1, l_p\}$	TA

注：n 表示顶点数量。l_1、l_2 和 l_p 是线的长度，其中 l_p 是对应线的多边形的边。TA 表示转角方程。

况 5），则可以通过线的长度得到相似度。如果匹配对位置图为多边形，可以通过下面描述的转角方程来获得相似度。

不同的匹配位置图对应不同的转角方程，并且可以用波形表示。这样，可以通过计算波形的差异来比较复合多边形的子图分布。由于边被归一化为[0,1]，并且不包含方向信息，转角方程在多边形旋转和缩放时是保持不变的。

波形之间的距离用于比较匹配位置图的相似度：

$$d(P_1, P_2) = \left\| T_{P_1} - T_{P_2} \right\|_2 = \sqrt{\int_0^1 \left(T_{P_1}(l) - T_{P_2}(l) \right) \mathrm{d}l} \tag{5.4}$$

其中，P_1 和 P_2 为两个多边形；$T_{P_1}(l)$ 和 $T_{P_2}(l)$ 为相应的转角方程；$\|\cdot\|_2$ 为平方根。该距离显示了多边形之间的不同，$d(P_1, P_2)$ 越大，两个多边形相似度越小。

波形与起始点有关，但转角方程是周期性的，因此将多边形 A 的不同顶点作为起始点，产生一系列波形。为了避免多边形 A 的相切角对应另一个多边形 B 的相切角，通过计算多边形 A 各波形与转角方程波形 B 之间的最小平均距离（MMD）来评估多边形之间的匹配度。位置图的相似度为

$$\text{sim}_p = 1 - d(P_1, P_2) / 360 \tag{5.5}$$

5.5　复合建筑物相似性度量模型

本节通过四个步骤对复合多边形进行对比：首先通过计算寻找复合多边形中的匹配控制子图；然后根据控制多边形匹配相应的子多边形，构建匹配位置图；接着应用傅里叶变换和基于凸包局部矩变量计算每个匹配对的相似性；最后对位置图之间的相似度和对应的复合多边形子图对之间的相似度进行加权求和，实现复合多边形之间的相似性计算。

确定匹配对后，子多边形匹配对的关系可以分为两组，即 1:1 和其他。然后采用前面所述的简单相似性度量方法（基于最远点描述函数的傅里叶描述子）计算 1:1 子多边形之间的形状相似性，利用凸包矩变量度量其他匹配关系的形状相似性。Hu 矩[77]作为一种简单而有效的方法，在许多基于区域的形状描述[99,100]中用于描述平移、旋转和缩放不变量特征。受 Hu 矩描述区域成功的鼓励，几何矩的近似方法[101]和格林公式结合起来用于描述矢量多边形[102]。对于复合多边形包含多个简单多边形，可以定义为 $M = \{S_1 \cup S_2 \cup \cdots \cup S_m\}$，则复合多边形的 $p+q$ 次几何矩可以表示为

$$m_{pq} = \iint\limits_M x^p y^q \mathrm{d}x \mathrm{d}y = \sum_{i=1}^m \oint_{S_i} \left(x^{p+1} y^q \right) / (p+1) \mathrm{d}y \tag{5.6}$$

其中，(x, y) 为复合多边形 M 的顶点坐标。

几何矩容易受到不同尺度上地图制图的影响，因此引入局部矩变量[103]和多边形的凸包以在制图综合应用中获得稳健的形状特征描述[102]，这种稳健的形状特征不仅在几何变换下稳定，而且对制图综合过程具有鲁棒性。几何矩与局部参考点 (x_i, y_i) 之间的低阶矩关系可以表示为

$$
\begin{cases}
\mu_{00} = m_{00} \\
\mu_{10} = m_{10} - x_i m_{00} \\
\mu_{01} = m_{01} - y_i m_{00} \\
\mu_{02} = m_{02} - 2y_i m_{01} + y_i^2 m_{00} \\
\mu_{11} = m_{11} - x_i m_{01} - y_i m_{10} + x_i y_i m_{00} \\
\mu_{12} = m_{12} - 2y_i m_{11} + y_i^2 m_{10} - x_i m_{02} + 2x_i y_i m_{01} - x_i y_i^2 m_{00} \\
\mu_{20} = m_{20} - 2x_i m_{10} + x_i^2 m_{00} \\
\mu_{21} = m_{21} - 2x_i m_{11} + x_i^2 m_{01} - y_i m_{20} + 2x_i y_i m_{10} - x_i^2 y_i m_{00} \\
\mu_{30} = m_{30} - 3x_i m_{20} + 3x_i^2 m_{10} + x_i^3 m_{00} \\
\mu_{03} = m_{03} - 3y_i m_{02} + 3y_i^2 m_{01} + y_i^3 m_{00}
\end{cases}
\tag{5.7}
$$

与 Hu 矩[77]相同，通过线性组合低阶矩计算出一组矩变量，组合后的七个矩变量具有平移、旋转和缩放不变量特征，矩变量可以通过式(5.8)计算得到：

$$
\begin{cases}
M_1 : \mu_{20} + \mu_{02} \\
M_2 : (\mu_{20} - \mu_{02})^2 + 4\mu_{11}^2 \\
M_3 : (\mu_{30} - 3\mu_{12})^2 + (3\mu_{21} - \mu_{03})^2 \\
M_4 : (\mu_{30} + \mu_{12})^2 + (\mu_{21} + \mu_{03})^2 \\
M_5 : (\mu_{30} - 3\mu_{12})(\mu_{30} + \mu_{12})\left[(\mu_{30} + \mu_{12})^2 - 3(\mu_{21} + \mu_{03})^2\right] \\
\quad + (3\mu_{21} - \mu_{03})(\mu_{21} + \mu_{03})\left[3(\mu_{30} + \mu_{12})^2 - (\mu_{21} + \mu_{03})^2\right] \\
M_6 : (\mu_{20} - \mu_{02})\left[(\mu_{30} + \mu_{12})^2 - (\mu_{21} + \mu_{03})^2\right] + 4\mu_{11}(\mu_{30} + \mu_{12})(\mu_{21} + \mu_{03}) \\
M_7 : (3\mu_{21} - \mu_{03})(\mu_{30} + \mu_{12})\left[(\mu_{30} + \mu_{12})^2 - 3(\mu_{21} + \mu_{03})^2\right] \\
\quad + (\mu_{30} - 3\mu_{12})(\mu_{21} + \mu_{03})\left[3(\mu_{30} + \mu_{12})^2 - (\mu_{21} + \mu_{03})^2\right]
\end{cases}
\tag{5.8}
$$

七个矩变量是基于凸包的局部参考点计算的，因此描述一组子多边形将有 $7k$

个矩变量，其中 k 是凸包的顶点数量。在描述子多边形的匹配对之后，为了度量匹配对的相似性并获得相同维数的描述子，所有凸包都需要重新采样到固定数量的顶点集 $\{p_1, p_2, \cdots, p_r\}$ 中，其中 r 等于 $2n$。因此，将顶点集中的每个点作为参考点，用式(5.8)计算出七个矩变量序列。然后，对每个序列应用傅里叶变换，可以用前 k 个系数描述几何图形。这样，几何图形可以用描述矩阵 $D(7 \times k)$ 描述，匹配对的相似性度量可以用描述矩阵的相似度计算，公式为

$$S^{\mathrm{M}} = \frac{1}{7} \sum_{i=0}^{7} s_i \tag{5.9}$$

其中，s_i 为匹配对中第 i 个匹配序列相似度，它可以通过傅里叶变换系数的余弦值来计算，其定义为

$$s_i = \cos\left(F_1^k, F_2^k\right) \tag{5.10}$$

其中，F_1^k 和 F_2^k 分别为使用傅里叶变换后匹配对的前 k 个系数。

在计算复合多边形之间的一系列相似度后，利用加权相似性对复合多边形进行比较，其相似度可表示为

$$\mathrm{sim} = w_{\mathrm{s}} \times \mathrm{sim}_{\mathrm{s}} + w_{\mathrm{p}} \times \mathrm{sim}_{\mathrm{p}} \tag{5.11}$$

其中，sim 为复合多边形的相似度；$\mathrm{sim}_{\mathrm{p}}$ 为复合多边形位置图之间的相似度；$\mathrm{sim}_{\mathrm{s}}$ 为复合多边形中每个匹配部分的平均相似度，计算公式为

$$\mathrm{sim}_{\mathrm{s}} = \frac{1}{m} \sum_{i=0}^{m} S_i^{\mathrm{M}} \tag{5.12}$$

其中，m 为匹配对的数量；S_i^{M} 为每个匹配对之间的形状相似度。

5.6　案例分析

本节采用所提出的模型来度量复合多边形的相似性，以不同数据源的美国拉斯维加斯的某建筑物表示形式(图 5-4)为例进行验证。建筑物(图 5-4(a))在 OSM 中划分成几个功能区(图 5-4(b))，而微软建筑物轮廓数据中(图 5-4(c))只有两个部分表示建筑物。因此，可以用 5.5 节提出的方法度量两组复合多边形之间的相似性。

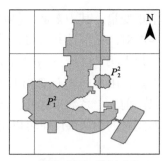

(a) 实际建筑物　　　　　(b) 建筑物在OSM中的表示　　　　(c) 建筑物在参考地图中的表示

图 5-4　建筑物中复合多边形描述

在现实中，有些建筑物通常由几部分组成。此外，在制图综合过程中，某些部分可能会被分解或一些小部分可能会被遗漏。为了实现提出方法的相似性度量，必须对相应的子多边形进行匹配，然后建立匹配位置图。通过分布相似度和形状相似性的加权和，计算出不同建筑物表示的相似度。

为了确定所定义的控制多边形，利用傅里叶变换计算子多边形的简单形状相似性。通过将 OSM 中建筑物的各个部分与其他数据集中建筑物的比较计算，建立形状相似性矩阵。计算得到矩阵为

$$S = \begin{bmatrix} 0.0190 & 0.4819 & 0.0012 & 0.2599 & 0.0004 & 0.0055 & 0.0252 & 0.0031 \\ 0.1515 & 0.0496 & 0.0246 & 0.0699 & 0.0285 & 0.1812 & 0.9353 & 0.2281 \end{bmatrix}$$

建筑物在 OSM（复合多边形 A）中有八个子多边形，在参考数据集（复合多边形 B）中有两个子多边形，因此相似矩阵为两行八列。形状复杂度矩阵和邻域支持度矩阵的大小与形状相似性矩阵相同。根据复合多边形中相应子多边形的平均形状复杂度计算形状复杂度矩阵中的单元值。例如，C_{ij} 表示复合多边形 A 中 i 个子多边形和复合多边形 B 中 j 个子多边形的平均形状复杂度。通过计算匹配对邻域的匹配度来计算邻域支持度矩阵中的单元值。NS_{ij} 表示复合多边形 A 中 i 个子边形和复合多边形 B 中 j 个子多边形匹配其邻域对匹配关系的支持度。形状复杂度矩阵和邻域支持度矩阵按照前面提及的方法计算，结果为

$$C = \begin{bmatrix} 1.0510 & 1.7061 & 1.1110 & 1.3722 & 1.0919 & 1.0728 & 1.6359 & 1.1065 \\ 1.2500 & 1.9051 & 1.3101 & 1.5712 & 1.2909 & 1.2718 & 1.8349 & 1.3056 \end{bmatrix}$$

$$NS = \begin{bmatrix} 0.9353 & 0.9353 & 0.9353 & 0.9353 & 0.9353 & 0.9353 & 0.2281 & 0.9353 \\ 0.4819 & 0.2599 & 0.4819 & 0.4819 & 0.4819 & 0.4819 & 0.4819 & 0.4819 \end{bmatrix}$$

如式 (5.2) 所示，将形状相似性、形状复杂度和邻域支持度相乘，来计算匹配

矩阵的重要性。结果为

$$IM = \begin{bmatrix} 0.0186 & 0.7691 & 0.0013 & 0.3335 & 0.0004 & 0.0055 & 0.0094 & 0.0032 \\ 0.0912 & 0.0246 & 0.0155 & 0.0529 & 0.0177 & 0.1111 & 0.8270 & 0.1435 \end{bmatrix}$$

　　由匹配矩阵的重要性可以看出，矩阵中最大的值是与第二个子多边形（P_2^2）匹配的第七个子多边形（P_7^1）。因此，该匹配对定义为控制多边形。根据 5.5 节内容，通过叠加控制子多边形，将子多边形（包括 P_1^1、P_2^1、P_3^1、P_4^1、P_6^1 和 P_8^1）作为一组与 P_1^2 匹配。复合多边形 A 中的子多边形 P_5^1 在复合多边形 B 中没有对应的子多边形。

　　根据匹配结果，可以利用质心建立匹配位置图。由于子多边形 P_1^1、P_2^1、P_3^1、P_4^1、P_6^1 和 P_8^1 视为一组，在构建匹配位置图时，将质心计算为一个顶点。利用质心点法，建立复合多边形 A 的三角形位置图和复合多边形 B 的直线位置图（图 5-5）。如 5.5 节所述，使用长度和角度计算位置图相似性。角度为 0.0016°，长度比为 0.9773（如表 5-1 所述），因此位置图相似度为 $\mathrm{sim}_{p} = 0.9773 \times \cos 0.0016° \approx 0.9773$。

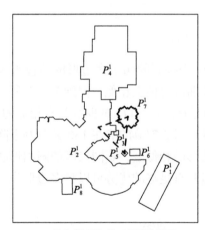 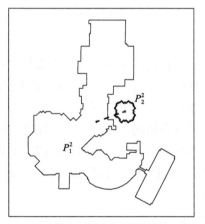

(a) 复合多边形*A*的三角形位置图　　　　(b) 复合多边形*B*的直线位置图

图 5-5　地图中美国拉斯维加斯某建筑物的匹配位置图

　　因为子多边形 P_1^1、P_2^1、P_3^1、P_4^1、P_6^1 和 P_8^1 可视为一组来匹配子多边形 P_1^2，所以它们的关系为 $m:1$。这种情况下的相似度通过 5.5 节中提到的凸包矩变量计算，相似度为 0.9313。子多边形 P_7^1 与 P_2^2 匹配关系为 $1:1$，因此采用 3.4 节所述的方法计算形状相似性，相似度为 0.9353。因此，两个复合多边形的形状相似度为

$\text{sim}_s = (0.9353 + 0.9313)/2 = 0.9333$。

　　最后利用分布相似度和形状相似性的加权总和，计算出不同地图上两个建筑物的足迹相似性。在这部分中，权重设置为 0.5 和 0.5，相似度为 $\text{sim} = 0.5 \times 0.9773 + 0.5 \times 0.9333 = 0.9553$。

　　该方法利用凸包矩变量(1:m 匹配)和傅里叶形状描述子(1:1 匹配)计算两个物体之间的形状相似性。为了使其更易于理解，计算湖泊在不同尺度下七个系列的凸包矩变量曲线(图 5-6 和图 5-7)。

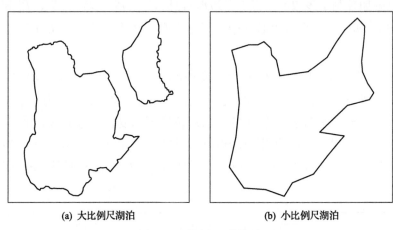

(a) 大比例尺湖泊　　　　　　　　　(b) 小比例尺湖泊

图 5-6　同尺度上的湖泊

　　为了对比这些曲线，本实验将图 5-6 中提到的两个多边形的凸包重采样为 256 个顶点。如图 5-7 所示，凸包矩变量曲线总体上相似，但细节上有所不同。C_3、C_4 和 C_5 的局部矩变量几乎具有相同的曲线。C_2 和 C_5 的曲线具有相似的趋势。虽然曲线各不相同，但都有五个峰值。只有图 5-7(a) 的值在 150 处急剧下降。采用 5.5 节所述的方法，可以得到两个多边形的相似度，不同尺度的湖泊形状相似度为 0.9。通过分析，可以看出局部矩变量具有足够的优势可以将多边形作为关系 1:m 进行匹配。

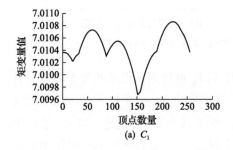
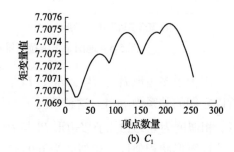

(a) C_1　　　　　　　　　(b) C_1

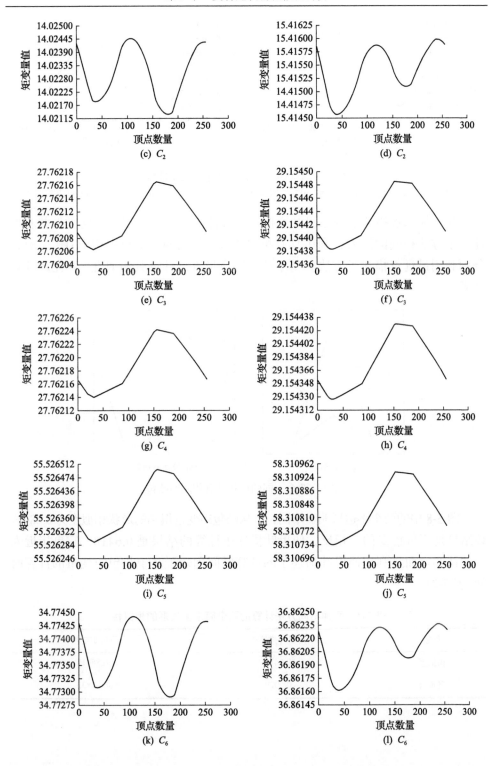

(c) C_2

(d) C_2

(e) C_3

(f) C_3

(g) C_4

(h) C_4

(i) C_5

(j) C_5

(k) C_6

(l) C_6

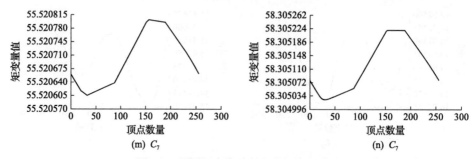

图 5-7　不同尺度湖泊的凸包矩变量曲线

其中 (a)、(c)、(e)、(g)、(i)、(k) 和 (m) 对应图 5-6(a)；(b)、(d)、(f)、(h)、(j)、(l) 和 (n) 对应图 5-6(b)

基于最远点描述子的傅里叶变换对局部信息敏感。为了比较两种形状相似性度量方法得到的结果，利用具有相同凸包结构的两个简单多边形 (图 5-8)，分别利用最远点描述子方法和基于凸包矩变量方法计算其相似性，并比较计算结果。

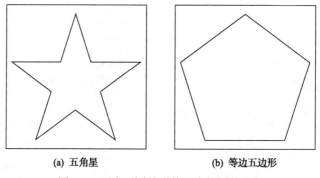

(a) 五角星　　　　　　　　　(b) 等边五边形

图 5-8　两个不同的形状具有相同的凸包

图 5-8 中的两个多边形明显不同，但从凸包矩变量得到的形状相似度为 0.8841。该结果是不可接受的。相反，傅里叶描述子计算的结果是 0.6418，它更接近人类的认知。而且利用傅里叶描述子的计算时间远短于基于凸包矩变量的计算时间 (表 5-2)。

表 5-2　两种不同方法计算的两个简单多边形的相似性

参数	傅里叶描述子	凸包矩变量
相似度	0.6418	0.8841
耗时/s	0.0029	886.7833

第6章 基于孪生网络的建筑物场景相似性计算

6.1 建筑物场景定义

为了能更好地服务空间场景的相似性计算，首先需要对整个研究区域进行划分，将其划分成单独的区域集合，这样可以大大减少在不同数据集中搜索对应场景时的计算量[22]。现有的空间场景区域主要依据格式塔理论进行划分，其主要表现为邻近性、相似性、连续性及封闭性，依据格式塔理论，利用主要的城市道路等线要素对矢量面状实体群组进行划分并将划分后的区域作为评估场景间相似性的基本区域单元[104]，如图6-1所示。在路网的选择上，发现过于粗略的路网所构筑出的场景范围过大，对于划分区域没有帮助；而特别详尽的路网又会对场景进行过多的分割以至于场景非常零碎，不能反映对应场景的性质。所以需要选择合适的路网来构建所需要的场景区域，对原始路网数据进行相关处理，同时使用缓冲区进行粗化以提取中心线，并将其转化为栅格数据从而更好地优化路网数据。对于在道路线中存在的空隙等情况，采用形态学分割操作进行消除，并将得到的数据进行压缩细化，从而得到路网数据的中心线。经过优化处理的路网可以很好地保留城市形态的拓扑关系，并且可以将研究区域划分为多个街区。最后将对应数据转换为面要素，以便将研究区划分为块，即可得到所需要研究的空间场景区域。

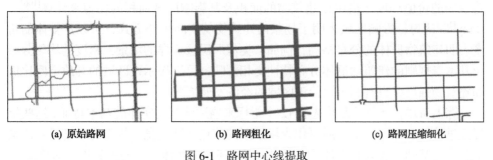

| (a) 原始路网 | (b) 路网粗化 | (c) 路网压缩细化 |

图6-1　路网中心线提取

6.2 建筑物场景内实体及其空间关系表达

借由格式塔心理学可以得出，人们在认知事物的过程中常遵循先注意整体，后观察局部的认知习惯，并且由实验证明，人们对于事物整体的认知通常大于对于事物局部的认知。现实中，在进行同名实体匹配或检索相似的场景时，很大程度上也是首先基于整体的感知进行判断，如分析两个场景是否相似，通过场景中建筑物实体整体的分布情况来进行辅助判别。学者 Bruns 和 Egenhofer 曾对空间场景进行这样一组定义，他们认为对空间场景进行细分，可以发现场景是由其中的地理对象及它们的空间关系所构成的。这些空间关系包含的范围很广，可以是拓扑关系、距离关系或者其他类型的空间特性。因此，如果想要完整地描述一个场景，至少要包含场景内空间对象的基本特征以及这些空间对象之间的关系特征。本节将详细介绍如何提取场景中空间实体的基本特征以及借此丰富空间场景的语义信息，对于场景内空间实体的描述，主要关注三个变量，即大小、朝向及形状。

首先需要提取场景内空间实体的基本特征，来作为丰富场景语义信息的必备要素。当前学者在进行实体匹配量算的过程中开发出许多指标用以计算每个可视变量，例如，Basaraner 等认为，矢量数据中面实体由于所具有的含义不同，其形状表示是非常复杂与多样，甚至主观的，但是可以通过面实体中某个重要边的方向，或者对所有边的方向进行加权求和得到[105]。此外，当前很多研究者提出的各种描述性指标之间存在一些重复或较强的相关性，如主成分分析等，本节充分考虑这些建筑物实体的形状描述子对于丰富场景语义信息的潜在相关性以及它们在计算和使用上的简便性，选取一些具有代表性的指标作为场景内空间实体的形状描述子。

此外，还有一些对场景图的语义信息具有很好补充说明作用的高响应变量，如建筑物密度指标，通过衡量某个区域内单个建筑物对区域的影响程度来反映该建筑物的价值程度，借由该建筑物的面积及其影响区域面积的比值来计算[106]。Batty[107]认为，影响区域表明了场景内建筑物的空间争夺方式，可以从整体的角度表明建筑物群体的分布格局，例如，类似居民区这样的场景，密度的均匀分布及其本身规则的建筑物群体分布特性交相辉映，可以揭示该区域的开放空间比例和建筑物强度，也有利于评价该区域的经济发展情况。

综上所述，综合考虑并选取 12 个指标来描述建筑物实体的基本特征，这些指标经过特征层提取，整合后可作为场景图的节点特征信息，从而为丰富场景语义信息奠定基础。表 6-1 是对所使用的用于描述相关实体特征的参数进行的总结。

表 6-1　实体特征描述参数

特征	具体参数	注释/公式	描述
大小	周长	P_b	面实体周长
	面积	A_b	面实体面积

续表

特征	具体参数	注释/公式	描述
大小	内角平均值	$\bar{\theta} = \sum\limits_{i=0}^{n-1} \dfrac{\theta}{N}$	面实体内角平均值
	半径平均值	$\dfrac{1}{N} \sum\limits_{i=1}^{N} R_i$	面实体每个顶点到其质心的平均距离
方向	最小外接矩形方向	—	MBRO(minimum bounding rectangle orientation)
形状	紧致度/圆度	$\dfrac{4\pi A_b}{P_b^2}$	面积和周长的二次关系
	分形度	$1 - \dfrac{\lg A_b}{P_b^2}$	面积和周长的对数关系
	延展度	$\dfrac{L_{mbr}}{M_{mbr}}$	最小外接矩形的长宽比
	凹凸性	$\dfrac{A_b}{A_{ch}}$	面实体面积与其凸包面积的比率
	重叠指数	$\dfrac{A_{b \cap eac}}{A_{b \cup eac}}$	面实体面积与其面积圆的交和并的面积比
密度	面积比率	$\dfrac{A_b}{A_{ia}}$	面实体面积与影响面积的面积比

6.3　基于孪生网络框架的建筑物场景相似性度量

6.3.1　孪生网络框架

为了评估场景的相似性，从图的角度出发，本节设计一个图级别用于计算场景间相似性的孪生网络模型。该模型以孪生网络作为主框架，其结构如图 6-2 所示，孪生网络最初用于判断两个手写签名是否相似[108]。由于很多卷积网络需要很复杂的结构才可以得出理想的结果，而孪生网络经过实验证明，即使在样本量较少的情况下也有较好的表现[109]，这与孪生网络的构建框架有关，该框架包含两个共享权重的子网络，在运用孪生网络的相关研究中，通过输入两组对比数据，经过子网络的训练进而得出输入的样本是否相似或者是否具有相同的分类得分。借助这种成对输入样本的特性组建自己的数据集，已有的数据可以出现在多对样本中，对于可用于训练的数据数量有了明显的提升。

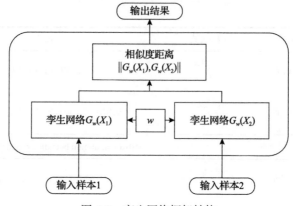

图 6-2　孪生网络框架结构

　　提出的模型采用图卷积网络（graph convolutional network，GCN）层作为孪生网络框架中的训练层，通过将 GCN 的信息传递优势与孪生网络框架中训练层可以共享权重的特点相结合，从而实现场景图结构节点与空间关系所具有的信息传递，如图 6-3 所示。

　　在训练阶段（图 6-3(a)），该模型首先将批量的相似场景对（正样本）和不相似场景对（负样本）送入孪生网络框架进行训练，其中训练层由两个权重共享的 GCN 所组成。通过 GCN 的训练将初始的场景图信息进行节点特征间的信息传递与聚合，以更新对应的场景图节点信息，并生成对应场景图的特征向量表示。然后，根据得到的特征向量计算两个场景间的相似度距离，并通过与损失函数的比较不断更新训练的参数。当训练完模型后，需要对样本进行测试以检验模型的有效性。在预测阶段（图 6-3(b)），利用先前训练好的模型，输入需要查询的空间场景样本对，经过模型的计算即可得出待查询空间场景样本之间的相似度距离，从而实现空间场景整体特征上的相似性比较。

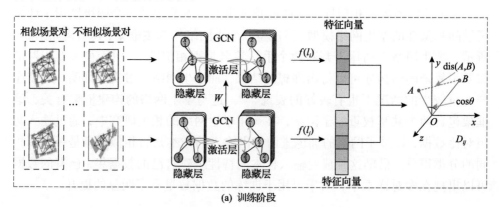

(a) 训练阶段

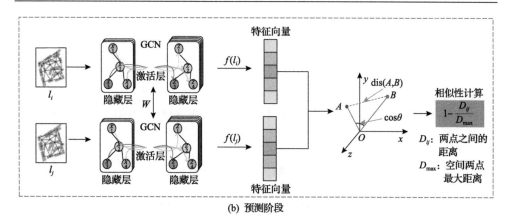

(b) 预测阶段

图 6-3　空间场景整体相似性度量模型框架示意图

如图 6-3(a) 所示，依据 6.2 节构建好的场景图，假设其中的节点特征 $X_v \in \mathbb{R}^{d^i}$，其中 $v \in V$；模型在第 l 层学习到的节点 v 的隐藏特征用 $h_v^{(l)} \in \mathbb{R}^{d^i}$ 表示，这里 d^i 是输入特征的维数，为了简单说明，假设各层的维数相同，同时使用 $h_v^{(0)} = X_v$ 表示节点特征；节点的邻域 $N(v) = \{u \in V \mid (v, u \in E)\}$ 是节点 v 的邻域集合。在图神经网络 (graph neural network, GNN)中，现代 GNN 模型都遵循邻居聚合策略，通过聚合其邻居的表示来迭代更新节点的表示，经过 k 次聚合迭代后，节点表示捕获 k-hop 网络邻域内的结构信息。GNN 第 l 层 $(l = 1, 2, \cdots, k)$ 对每个节点 $v \in V$ 同时更新 h_v^l，在形式上可以表示为

$$a_v^l = \text{AGGREGATE}^l \left(\left\{ h_u^{l-1}, \forall u \in N(v) \right\} \right) \tag{6.1}$$

$$h_v^l = \text{COMBINE}^l \left(\left\{ h_u^{l-1}, a_v^l \right\} \right) \tag{6.2}$$

其中，h_v^l 为节点 v 在第 l 次/层处迭代的特征向量。初始化 $h_v^0 = X_v$，$N(v)$ 是一组与 v 相邻的节点。在 GNN 中，$\text{AGGREGATE}^l (\cdot)$ 和 $\text{COMBINE}^l (\cdot)$ 的选择是至关重要的。如在 GCN 中，池化层采用的是基于元素的均值池化步骤，并将 AGGREGATE 和 COMBINE 步骤集成为

$$h_v^l = \text{ReLU} \left(W \cdot \text{MEAN} \left\{ h_u^{-1}, \forall u \in N(v) \bigcup \{v\} \right\} \right) \tag{6.3}$$

其中，W 为可学习矩阵；COMBINE 步骤可以是一个连接，然后是一个线性映射 $W \cdot \left[h_u^{l-1}, a_v^l \right]$。而在 GraphSAGE 的池化变体中，AGGREGATE 表述为

$$a_v^l = \max\left\{\text{ReLU}\left(W \cdot h_u^{l-1}\right), \forall u \in N(v)\right\} \tag{6.4}$$

对于节点分类任务，通常使用最后迭代的节点表示 h_v^l 进行预测，本节所关注的重点是相似场景图的比较与识别，属于图的范畴，在 GNN 中通过 READOUT 函数聚合最后迭代的节点特征，从而获得整个图的向量表示为 h_G，如式(6.5)、图 6-4 所示。

$$h_G = \text{READOUT}\left(h_v^l \middle| v \in G\right) \tag{6.5}$$

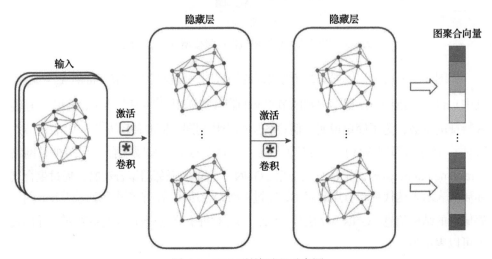

图 6-4　GNN 训练过程示意图

在经过 GNN 的训练将输入映射到嵌入空间后，借由池化层获得对应场景的特征图向量后，计算每个输入对的特征图向量之间的欧几里得距离，并用于计算之后的对比损失(contrastive loss)。在学习过程中，模型不断优化其对比损失，鼓励相似的对在嵌入空间中距离更接近，同时对于不相似的对也给予更多的惩罚使其距离更远。当训练完成后优化的网络生成可预测的特征图向量，其中相似的场景图距离很小，而不相似的场景图距离很大，同时 GNN 的最后一层网络执行池化操作，将这些嵌入映射到同一维度进行比较，最终对输入的场景图之间的距离相似性计算得

$$E_w(X_1, X_2) = \left\|G_w(X_1) - G_w(X_2)\right\| \tag{6.6}$$

其中，w 为网络共享的权重；X_1、X_2 分别为模型的输入数据；$G_w(X_1)$、$G_w(X_2)$ 为通过 GNN 转化成的特征图向量，最后通过距离度量的方式计算两个向量的输出距离。

6.3.2　损失函数

根据需要进行场景相似性任务的输入，将对比损失作为模型的损失函数，该损失函数的公式为

$$L\left(w,\left(Y,X_1,X_2\right)\right)=\frac{1}{2N}\sum_{n=1}^{N}YD_w^2+\left(1-Y\right)\max\left\{m-D_w,0\right\}^2 \tag{6.7}$$

$$D_w\left(X_1,X_2\right)=\left\|X_1-X_2\right\|_2=\left(\sum_{i=1}^{P}\left(X_1^i-X_2^i\right)^2\right)^{\frac{1}{2}} \tag{6.8}$$

其中，$D_w\left(X_1,X_2\right)$ 为两个样本特征 X_1 和 X_2 的欧几里得距离(二范数)；P 为样本的特征维数；Y 为两个样本是否相似的标签，$Y=1$ 代表两个样本相似；$Y=0$ 则代表不相似；m 为设定的阈值；N 为样本数量，通过对比损失的表达式可以发现，损失函数可以很好地表达成对样本的相似程度，也能够很好地用于训练提取特征的模型。当样本相似时，损失函数只剩下 $L_s=\frac{1}{2N}\sum_{n=1}^{N}YD_w^2$，即原本相似的样本，若在特征空间的欧几里得距离较大，则说明当前的模型不好，因此加大损失；当样本不相似时，损失函数为 $L_D=\left(1-Y\right)\max\left\{m-D_w,0\right\}^2$，其特征空间的欧几里得距离越小。

6.4　顾及局部特征的建筑物场景相似性优化

6.3 节所介绍的方法可以成功实现从若干个不同的场景中识别出与目标场景最相似的场景，这种方法与人为进行场景识别的判断相类似，如在做查询、匹配等研究时通常也是遵循先整体后局部的原则进行相关操作。但是在进行相似性计算时仅通过整体的比较认为还不足以衡量场景间的相似程度。因为从顾及整体的情况考虑，更多的是依据两个场景间结构的相似性来进行判断，而在 GCN 传递信息的过程中，主要是对相邻节点进行平均的加权求和，这样的好处是可以顾及更多场景的整体结构信息，但是在场景图中，对于是否存在重要的节点、是否存在局部相似等问题很难进行解释，这也意味着在实际计算过程中如果单凭整体相似性判断，可能会损失一些局部区域匹配度非常高的场景。因此，本节将从空间场景局部相似的角度进行对应阐述。该研究过程主要包括以下几个方面。

(1)针对空间场景中的节点局部相似情况,将其与图匹配问题进行类比并引入 SuperGlue 算法进行空间场景局部相似性计算。

(2)针对空间场景中节点间的相互约束关系进行空间关系的优化表达。

(3)提出顾及局部特征的空间场景相似性计算方法,重点关注空间场景中的相似节点对场景相似性的影响。

6.4.1　空间场景内节点相似性研究

当前的空间场景相似性研究更多的是对场景中空间实体之间的空间关系开展相关研究,而忽略了实体本身的属性对场景相似性可能带来的影响。在衡量场景间相似性的过程中不仅需要衡量场景间空间关系的相似程度,也应该关注具体的实体之间的相似情况。以场景图的相似性研究为例,不仅希望获得场景图结构之间的相似性,也同样关心能否定义场景图中节点之间的相似情况,以辅助方式进行对应判断。例如,在场景图中是否存在相似的节点可以起到如地标点这类关键节点的作用,以帮助判断场景之间的相似性,或者对于初步判别不相似的场景图,是否存在因为丢失局部相似而错判的可能。图匹配技术主要依赖图结构间的相似关系,通过计算不同图间节点与节点的相似性来建立节点之间的匹配关系。图匹配算法的一般流程包括图结构的构建、节点特征提取、信息嵌入、相似度矩阵(指派矩阵)计算等。本节将以图匹配算法为基础来介绍如何计算场景图节点的相似性。

1. 图匹配问题概述

当前,图匹配算法广泛应用于计算机领域,主要研究的问题聚焦于如何利用图结构中的信息寻找图节点之间的相似性[110]。假设有两个图,其中 $G_s = (v_s, A_s, V_s, E_s)$, $G_t = (v_t, A_t, V_t, E_t)$, G_s 、 G_t 分别指代参考图与目标图。 $v = \{v_1, v_2, \cdots, v_n\}$ 指代图中的节点序列, A 指代图的邻接矩阵, V 指代节点集合,一般为与节点序号相对应的特征矩阵, E 则指代边的集合。图匹配算法所研究的问题可以表示为:若 $|V_s| \leqslant |V_t|$,则对于 G_s 中的任一节点 v_i ,都可以通过一个双射函数 η ,使得 v_i 在 G_t 中能存在对应的节点 $\eta(v_i) = v_m$,且 $A_s(v_i, v_j) = A_t(\eta(v_i), \eta(v_j))$ 。图 6-5 为图匹配任务中理想的节点对应关系。而图匹配问题的结果一般由相似度矩阵 X 表示,其中矩阵的每行每列有且只有一个元素并且该元素为 1。为了将图的结构信息嵌入其中,研究者引入一个同时包含一阶和二阶相似度信息的亲和矩阵(affinity matrix) K 。通过该矩阵的对角线元素可以度量两个图之间的节点相似性情况,且边的相似性也可以通过非对角线元素来表示,如图 6-6 所示。Wang 等[111]指出当前的图匹配问题可以公式化为 Lawler 形式的二次指派问题以降低计算的复

杂性，如式(6.9)所示：

$$J(X) = (\text{vec}(X))^T K \text{vec}(X)$$
$$\text{s.t. } X \in \{0,1\}^{n_1 \times n_2}, \quad X1_{n_2} \leqslant 1_{n_1}, \quad X^T 1_{n_1} = 1_{n_2}$$

(6.9)

其中，vec 为对矩阵进行向量化的操作，由式(6.9)可以看出，列向量的转置与矩阵和列向量相乘最后的结果应该是一个数值，可以说该公式最大化了图匹配任务中的一阶和二阶相似性计算。在数学上该问题是 NP 困难(NP-hard)问题，因此相关的研究一方面关注如何快速求解该公式，另一方面关注如何构建亲和矩阵 K。

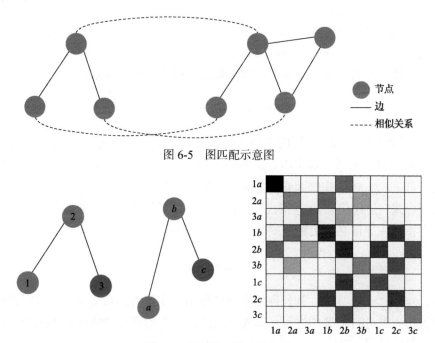

图 6-5　图匹配示意图

图 6-6　图结构间的亲和矩阵

2. SuperGlue 算法概述

Sarlin 和 DeTone 针对图匹配问题，将其转化为最优传输问题并设计出了 SuperGlue 的解决方案[112]。该算法基于 GNN 构建可以实现不同图像间的特征匹配，输入可以描述图像结构的特征点以及描述子(手工特征或深度特征)，就可以得到这些特征点之间的对应关系。SuperGlue 算法在实际应用中通常用在图匹配的环节以找到最匹配的关键点，该算法的框架主要由基于注意力机制的 GNN 模块以及最优匹配层两个模块组成。其中，基于注意力机制的 GNN 模块主要将描述子编码为可以描述关键点的特征向量，并且利用注意力机制本身的特性去强化该向量以增强其匹配性能；而最优匹配层则会通过计算对应向量的内积来得到相似度矩阵并进行相关计算分析。本节将对 SuperGlue 算法框架进行简要介绍。

1）特征强化模块

Sarlin 指出通过融合图中特征点的位置及其视觉外观可以提高这些节点的辨识度。这也符合人为进行匹配搜寻的过程，总是会来回检查并比较两个图的相同与不同，若不符合心中认定的特征则会搜寻周围是否存在更相似的特征。而注意力机制模块也是模仿了该过程，首先通过编码器将关键点与特征描述子相融合并映射到高维向量中，然后利用自注意力(self-attention)层和交叉注意力(cross-attention)层来丰富描述信息，具体步骤如下所示。

(1)编码、融合关键点信息。假设图节点 i 的位置描述为 p ，特征描述子为 d ，首先通过多层感知器(multi-layer perceptron，MLP)将相关信息嵌入到高维向量 x_i 中，为后续注意力层能充分考虑位置以及特征相似性奠定基础，其公式为

$$x_i^0 = d_i + \mathrm{MLP}_{\mathrm{enc}}\left(p_i\right) \tag{6.10}$$

(2)注意力聚合层。该层的主要贡献在于将注意力模块运用于特征匹配中，假定一个单一的完全图，这个图包括两种不同的无向边：$\varepsilon_{\mathrm{self}}$ 表示连接两张图内部的特征点，$\varepsilon_{\mathrm{cross}}$ 表示连接两张图之间的特征点。令 $^l x_i^A$ 指代在图 A 第 l 层中元素 i 的表现形式，传递信息 $m_{\varepsilon \to i}$ 指代经过注意力网络后聚合所有特征点的结果，则图中所有特征传递信息的更新公式为

$$^{l+1} x_i^A = {}^l x_i^A + \mathrm{MLP}\left({}^l x_i^A \| m_{\varepsilon \to i}\right) \tag{6.11}$$

其中，$\varepsilon \in \{\varepsilon_{\mathrm{self}}, \varepsilon_{\mathrm{cross}}\}$ 为在神经网络中交替使用自注意力层和交叉注意力层进行聚合以模仿人类进行筛选的过程，即先比较图内节点的特异性情况，再比较图间节点的相似性情况。

(3)投影输出。当借助卷积操作得到局部特征点并通过反复更新 L 次得到描述子经过线性投影后，即可得到更具代表性的特征描述子 f ：

$$f^A = W \cdot {}^L x^A + b \tag{6.12}$$

2）最优匹配模块

最优匹配模块主要的任务是利用最优传输的思想求解相似度矩阵，其过程包括构建一个得分矩阵 $S \in \mathbb{R}^{M \times N}$ 来表示一些潜在的匹配情况，并且利用 Sinkhorn 算法来求解最佳的相似性情况。

(1)最优传输思想。假设有 $X = \{x_i\}_{i=1}^{n_s}$ 和 $Y = \{y_j\}_{j=1}^{n_t}$ 两组节点，且用 μ_s、μ_t 分别代表这两组节点的重要程度，其中 $\mu_s = \sum_{i=1}^{n_s} p_i^s \delta(x_i)$，$\mu_t = \sum_{j=1}^{n_t} p_j^t \delta(y_j)$，$p$ 指代对应的权重，$\delta(\cdot)$ 为激活函数。假设 M 代表损失矩阵，则这两组节点的匹配问题可以转化为

$$T^* = \arg\max_{T \in \mathbb{R}^n, x_n} \sum_{i,j} T_{i,j} M_{i,j} \tag{6.13}$$

将图匹配问题中的特征描述子代入，假设参考图的特征描述子 $f_s \in \mathbb{R}^{w_s \times h_s \times D}$，目标图的特征描述子为 $f_t \in \mathbb{R}^{w_t \times h_t \times D}$，它们对应的关联图张量可以表示为 $\dfrac{f_s \cdot f_t^{\mathrm{T}}}{\|f_s\| \|f_t\|} \in \mathbb{R}^{w_s \times h_s \times w_t \times h_t}$，用 $C_{i,j}$ 表示其张量分量，可以将图匹配的问题优化为

$$T^* = \arg\max \sum_{i,j} T_{i,j} C_{i,j} = \arg\min \sum_{i,j} T_{i,j} (1 - C_{i,j}) \tag{6.14}$$

(2)Sinkhorn 算法归一化。将上述步骤计算得到的两个图的特征描述子向量进行内积计算，从而得到可以衡量节点相似性的得分矩阵，也称为非负距离矩阵，如式(6.15)所示，然后对其交替进行行归一化以及列归一化从而得到最终的相似度矩阵。

$$S_{i,j} = \left\langle f_i^A, f_j^B \right\rangle, \quad \forall (i,j) \in A \times B \tag{6.15}$$

3. 基于 SuperGlue 算法的场景图节点相似性计算方法

当前在计算场景间相似性的研究中，大部分研究都忽略了空间实体本身对场景间相似性可能产生的影响。针对该问题，通过引入 SuperGlue 算法对场景图中的节点进行相似性度量，相比于其他图匹配方法，SuperGlue 算法具有如下优势。

(1)大部分图匹配问题需要通过求解相似度矩阵来衡量节点和边的相似关系，但是该问题属于 NP 困难问题，即图中的节点数量越多，相似度矩阵的维度就越大，并且计算的复杂程度也越高，以至于数量庞大的节点与边的信息无法进行比对。

(2)SuperGlue 算法对图匹配问题进行了相关优化，采用了最优传输的思想，即最后输出 $M \times N$ 的相似性得分矩阵，且图中的每个节点在训练时都嵌入了当前图结构的信息使其有一定的上下文关系约束，比单纯对比空间实体的相似性更具有优势。

本节的技术路线如图 6-7 所示，主要步骤如下。

（1）数据预处理。对原始数据进行预处理，主要过程包括：依据格式塔理论进行场景划分；获取场景内空间实体的相关属性信息以丰富场景图节点的特征信息；依据 Delaunay 原则构建对应的场景图结构。

（2）引入 SuperGlue 算法的模型训练。依据 SuperGlue 算法的原理，本节设计

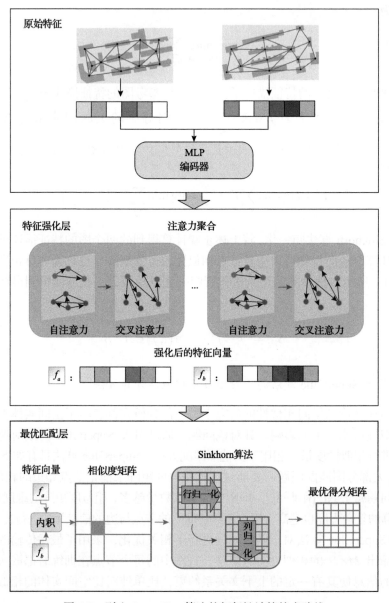

图 6-7　引入 SuperGlue 算法的相似性计算技术路线

的场景图节点相似性计算模型也主要包括两个模块。首先是引入注意力机制的 GNN 训练模块，通过对原始数据进行预处理获得对应节点的位置信息以及特征描述信息并将其作为模型的输入数据；然后通过 MLP 将这些信息进行耦合并编码成可以输入训练层的特征匹配向量，同时借助自注意力层和交叉注意力层对特征描述信息进行强化以丰富特征向量表达，使其能够充分地考虑位置信息以及特征信息的相似程度。

(3)计算最终相似度矩阵。当模型经过训练获得对应场景图节点的特征向量描述子后，对这些特征向量进行向量内积的计算从而得到可以反映场景图节点相似性的相似度矩阵，并且依据 Sinkhorn 算法解算出节点间的相似性情况。

6.4.2　空间场景内空间关系优化表达

一个合理的空间场景相似性计算模型不仅要考虑空间实体的属性信息，也要顾及实体间空间关系的相关描述。图结构的邻接矩阵虽然可以反映节点之间的连接关系，但是如果只有两个独立的邻接矩阵，很难去定量地描述实体间的空间关系。因此，结合当前研究问题对邻接矩阵进行改进以适应应用需要。对于实体间空间关系的描述，也可以看作实体间邻近性的描述[113]。因此，对于场景中空间实体的邻近性，需要对实体的距离以及方位关系进行对应的空间描述。

本质上实体间的距离通常可以看作场景图中连接节点间边的权重，因此依据实体间的距离信息可以构建表征场景图距离的邻接矩阵，如图 6-8 所示。还有一种距离是由艾廷华等[114]提出的可视距离，虽然这种距离将场景中可视范围的平均距离进行了综合考虑，但是其计算的复杂度较高，因此在未来的研究中可能会考虑加入该距离对场景相似性的影响。

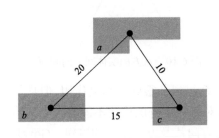

节点	a	b	c
a	0	20	10
b	20	0	15
c	10	15	0

图 6-8　距离邻接矩阵

而在方位度量方面，需要参考在 GIS 领域非常著名的八方向锥形模型进行相关构建。在八方向锥形模型中，假设以场景中某个实体作为参考对象，然后将东南西北四个基本的方向线，还有四方形模型的基准线作为轴线，将参考对象及其周围的空间划分成八个方向的区域关系，如图 6-9 所示。其中，参考点 O

作为区域的中心点，周围包含北方向(N)、东北方向(NE)、东方向(E)、东南方向(SE)、南方向(S)、西南方向(SW)、西方向(W)、西北方向(NW)共计八个方向位置，在场景内，其他实体与该参考实体的位置相交线就可以通过八方向位置关系来描述。

如图 6-10 所示，假定一个实体为参考起始点 A，正东方向为基准方向，按照逆时针顺序定义正方向，定义待计算的目标实体 B，由于该参考实体的连线与基准方向夹角为 α，它们的关系如下所示：

(1) 若 $\alpha \in (0°, 22.5°) \bigcap (337.5°, 360°)$，判定 B 位于 A 的正东方向；

(2) 若 $\alpha \in (22.5°, 67.5°)$，判定 B 位于 A 的东北方向；

(3) 若 $\alpha \in (67.5°, 112.5°)$，判定 B 位于 A 的正北方向；

(4) 若 $\alpha \in (112.5°, 157.5°)$，判定 B 位于 A 的西北方向；

(5) 若 $\alpha \in (157.5°, 202.5°)$，判定 B 位于 A 的正西方向；

(6) 若 $\alpha \in (202.5°, 247.5°)$，判定 B 位于 A 的西南方向；

(7) 若 $\alpha \in (247.5°, 292.5°)$，判定 B 位于 A 的正南方向；

(8) 若 $\alpha \in (292.5°, 337.5°)$，判定 B 位于 A 的东南方向。

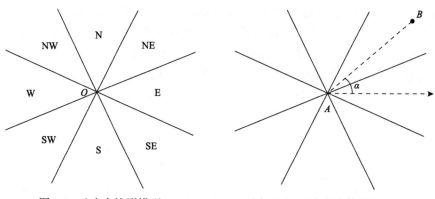

图 6-9   八方向锥形模型   图 6-10   八方向实体间方向判断

八方向锥形模型对空间实体间的方位关系起到了很好的约束作用，但是邻接矩阵是对称矩阵，只通过对八方向编号实现对邻接矩阵的构建不能符合模型输入数据的要求，因此还需要借鉴 Goyal 提出的方向片及方向距离的思想。Goyal 指出，对于两个空间实体之间的方位度量，方向距离的计算与空间实体的方向片相关。若两个空间实体的方向片相同，则它们的方向距离为 0；若方向片相反，则距离为 4；若方向片不同，则计算从一个空间实体的方向片边缘到另一个空间实体的方向片边缘的最短路径作为方向距离。这种计算方法可以用方向距离矩阵来表示，相对于普通的邻接矩阵对于方位关系的不敏感性，方向距离矩阵可以进一步约束场景内实体之间的空间关系。方向距离矩阵的表示方法如表 6-2 所示。

表 6-2　方向距离矩阵

方向	E	NE	N	NW	W	SW	S	SE
E	0	1	2	3	4	3	2	1
NE	1	0	1	2	3	4	3	2
N	2	1	0	1	2	3	4	3
NW	3	2	1	0	1	2	3	4
W	4	3	2	1	0	1	2	3
SW	3	4	3	2	1	0	1	2
S	2	3	4	3	2	1	0	1
SE	1	2	3	4	3	2	1	0

6.4.3　空间场景间相似性计算方法

当前学者所研究的空间场景相似性计算模型往往只能关注于场景间实体的空间关系，或者只能通过实体匹配的方式来计算含有相同数量实体的场景相似性。因此，针对这些问题，从图结构的角度出发，综合考虑场景图的节点相似性以及空间关系相似性，在 Paiva 和潘柔等提出的计算方法上进行改进以兼顾场景中实体的相似性以及场景结构的完整性。本节将对改进的空间场景相似性计算方法进行简要介绍。

Paiva[115]在其研究中指出，如果场景中含有较多实体及对应关系，它们的相似性计算公式可以表示为

$$\text{sim}G(A,B) = \frac{\sum_{i=1}^{m}\left(K_S \times \text{sim}S(A_i,B_i) + K_\theta \times \text{sim}\theta(A_i,B_i) + K_F \times \text{sim}F(A_i,B_i)\right)}{m} \tag{6.16}$$

$$\text{sim}R(A,B) = \frac{\sum_{i=1}^{n}\left(K_T \times \text{sim}(A_i,B_i) + K_D \times \text{sim}D(A_i,B_i) + K_d \times \text{sim}d(A_i,B_i)\right)}{n} \tag{6.17}$$

其中，$\text{sim}G(A,B)$ 为对应实体间的特征相似度；m 为场景中含有的实体数量；$\text{sim}R(A,B)$ 为实体间空间关系的相似度；n 为场景中含有的空间关系数量。

该模型采用了加权平均的思想，但是只能处理场景间实体数量相同的情况，且在进行相似性计算时由于空间关系的复杂性，空间内实体数量越多所产生的冗余计算会导致计算出的相似度结果偏低。潘柔在此基础上提出了改进，对场景内实体数量不一致的情况进行了区分，其根本思想关注于在计算场景相似时能顾及重要的局部相似度。但是其提出的场景关联图由于需要对实体及空间关系进行一对一的比较，当场景内实体数量较少时可以起到较好的效果，当场景内实体数量

增多时，对应的计算量大且计算复杂，同时很难顾及场景内实体间的上下文关系对相似性计算所产生的约束。

基于孪生网络框架的场景整体相似性度量策略，筛选出整体相似度较高的空间场景，但是由于场景中实体及其对应关系不同，还需要进一步对局部的相似性进行讨论与计算。在进行空间查询或者实体匹配的研究中，往往需要利用地标建筑(关键点信息)进行辅助查询或匹配，因此在场景相似性计算中，场景图结构中的关键点应该在进行相似性计算时具有更高的权重。因此相似度为

$$\text{sim}(A, B) = \sum_{i=1}^{m-n} \frac{1}{m-n} \times \left(1 - \frac{n}{m^2}\right) \text{sim}_\text{s}(A_i, B_i) + \sum_{i=1}^{n} \frac{1}{m^2} \text{sim}_\text{dis}(A_i, B_i) \quad (6.18)$$

其中，A 和 B 为对应的场景 A 和场景 B；m 为场景内的实体数量，该实体数量取场景 A 与场景 B 中实体数量的最小值；n 为经过得分矩阵的解算后没有被识别为关键点的数量，一般情况下，当对应场景所包含的实体数量不相同时非关键点指代模型在计算过程中可能会出现搜寻不到对应关键点的情况，因此在计算过程中统一降低该类非关键点参与计算时的权重；$\text{sim}_\text{s}(A_i, B_i)$ 和 $\text{sim}_\text{dis}(A_i, B_i)$ 分别指代关键点对应的相似度以及非关键点对应的相似度，其中 $\text{sim}_\text{s}(A_i, B_i)$ 的值由模型经过解算得出，$\text{sim}_\text{dis}(A_i, B_i)$ 的值设置为 0.1 以统一表示模型错判、漏判的关键点情况。空间关系的相似性信息在进行图嵌入的步骤时已经嵌入图节点中进行计算，因而经过模型解算出的相似度矩阵已经包含了经过对应节点以及空间关系的相关信息，对关键点赋予更高的权重以对应人们在搜寻匹配时总是需要结合关键点进行对应比较的过程。

6.5 案 例 分 析

6.5.1 基于孪生网络框架的空间场景整体相似性度量模型

1. 模型训练过程及参数设置

在评估场景的整体相似性任务中，本章设计的基于孪生网络框架的场景整体相似性度量模型可以对目标场景与待查询场景进行相似性度量以评估它们之间的整体相似性，从而在大的范围中过滤出与待查询场景差异较大的场景。本实验环境主要基于 Python 3.8.13 及 Pytorch 1.11.0 进行，模型经过不断训练，从而推测出最合适的距离阈值，并以该阈值作为评估预测场景相似性的度量指标。对于预测的场景图，只接受相似度距离小于阈值的情况作为场景筛选的结果。在模型训练前，通过使用 Delaunay 三角剖分的方法将地图中的矢量场景转化为对应的场景图并将其作为模型的主要输入，然后通过图卷积神经网络(graph convolution neural network，GCNN）的特性对场景图的信息进行关联和聚合，由于卷积核不需要提前手动设计，通过训练大量标记的例子不断校准权重直到其稳定的过程是一个收敛过程，这使模型能够从不同的输入变量和连接模式中区分特定的模式。其中，GCN 的结构对于训练和测试结果有重要影响，因此本节首先对图卷积的网络层数进行相关实验以验证最优的网络层数。图 6-11 和图 6-12 分别指代图卷积的损失函数随网络层数的变化情况以及训练集和验证集的准确率随网络层数的变化

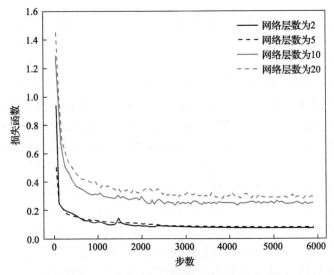

图 6-11　损失函数随网络层数的变化情况

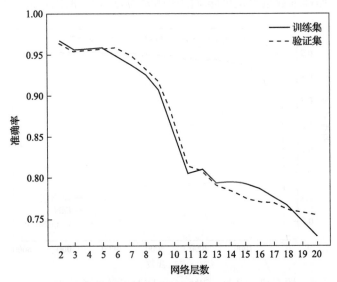

图 6-12　训练集和验证集的准确率随网络层数的变化情况

情况，当网络层数较少时损失函数曲线比较平稳，而当网络层数较多时尽管整体趋势在减小，但是模型的损失函数存在很多波动，且计算效果并没有随着网络层数的增加而提升；在图 6-12 中，训练集和验证集的准确率随着网络层数的增加出现了很明显的下降趋势，这种现象出现的原因可以解释为当网络层数提升时，GCNN 的变换操作能力显著提高并且超过了其信息传播能力。综上所述，实验选择使用包括两个卷积层和一个池化层的浅层 GNN 体系结构以保证得到最佳的实验结论。

在训练优化的部分，选择 Adam 算法进行优化，Adam 算法适用于解决稀疏梯度、噪声以及参数优化等方面的问题。模型设置学习率为 0.001，退出概率为 0.5，小批量大小超参数为 256，最大训练周期为 100。由于不同 GCNN 的聚合方式及计算方法不同，为了保证实验效果的准确性，本节选取几种具有代表性的 GNN 模型进行实验，主要包括 GCN 模型、GraphSAGE 模型及图同构网络 (graph isomorphism network，GIN) 模型。其中，Yan 等[116]使用 GCN 模型在对矢量建筑物群组进行分类时取得了良好的效果；Hamilton 等[117]提出的 GraphSAGE 模型将全图采样优化为以节点为中心进行采样并且可以做归纳学习；Xu 等[118]提出的 GIN 模型在识别图结构方面具有很好的性能。为了公平比较，三种方法输入变量的维度保持一致，本节对三种方法进行对比实验，以保证能得到最适合进行场景图相似性计算的图卷积训练方法，三种模型在验证集下的实验结果如图 6-13 和图 6-14 所示。

依据评价指标，将三种模型经过训练得到的相关参数统计在表 6-3 中，因为在进行场景相似性计算的任务中，希望能在若干场景中更准确地查询出所需要检索的场景，而样本数量里正负样本的比例大约为 1:2，所以在进行指标的评估中

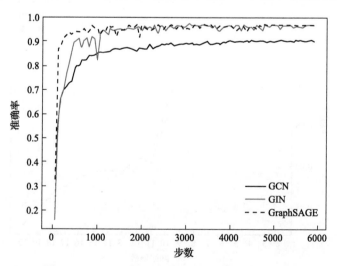

图 6-13　GCN、GIN、GraphSAGE 的准确率比较

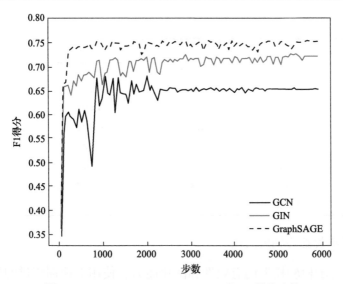

图 6-14　GCN、GIN、GraphSAGE 的 F1 得分比较

更倾向于选择精确率(precision)、召回率(recall)、F1 得分这几个指标来综合衡量所使用模型的性能。其统计结果如表 6-3 所示。

表 6-3　GCN、GIN、GraphSAGE 参数比较

图卷积方法	精确率	召回率	F1 得分
GCN	0.685	0.616	0.649
GIN	0.801	0.657	0.722
GraphSAGE	0.855	0.672	0.751

　　从表 6-3 中可以看出,利用 GraphSAGE 方法在精确率和召回率上相比其他两种方法都有较大的提升,并且在 F1 得分上使用 GraphSAGE 方法也高于使用其他两种方法,因此在进行场景相似性判别任务中使用 GraphSAGE 方法作为孪生网络框架的训练网络具有明显的优势。不同阈值的选择对于模型的准确率影响也不同,因此给定一个阈值区间并且依次遍历模型在该区间中所有的预测结果,结合各个指标的情况选择指标尽可能高的值作为模型训练的阈值,部分模型计算情况如表 6-4 所示,经过综合比对,选取 F1 得分最高的作为当前模型的阈值。

表 6-4　阈值选择

阈值	准确率	精确率	召回率	F1 得分
1.50	0.8738	0.8491	0.6026	0.7260
1.51	0.8797	0.8351	0.6467	0.7289
1.52	0.8815	0.8410	0.6491	0.7327

阈值	准确率	精确率	召回率	F1 得分
1.53	0.8831	0.8475	0.6496	0.7355
1.54	0.8861	0.8501	0.6611	0.7438
1.55	0.8878	0.8527	0.6716	0.7514
1.56	0.8893	0.8551	0.6721	0.7510
1.57	0.8887	0.8550	0.6681	0.7501
1.58	0.8883	0.8551	0.6661	0.7489
1.59	0.8868	0.8545	0.6597	0.7446
1.60	0.8848	0.8509	0.6538	0.7395

2. 空间场景查询样例测试

为了进一步检验模型的有效性和泛化能力，使用上述训练过的模型进行额外的实验，通过对另一个地区的建筑物场景进行相似性评估。该实验区域提取自安徽省合肥市，包括居民区和商业区等各种建筑物用区。采用与武汉市数据集相同的方法对数据集进行预处理，得到 400 组场景数据。从百度数据源的地图中选取 50 个随机场景样例作为模型测试的输入(待查询场景)，部分场景样例如图 6-15 所示，以高德数据源的场景作为数据库案例场景，并且不考虑对应的场景相似标签属性，仅依据场景内的空间实体属性及空间关系对所查询的场景进行筛选。

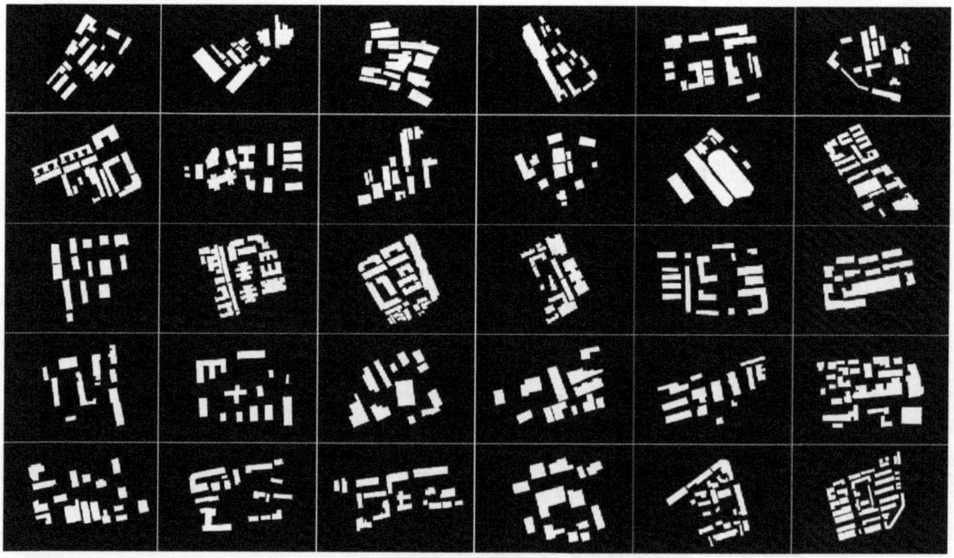

图 6-15　部分场景样例示意图

借助所提出的模型对图中的待查询场景在数据库中进行筛选，规定只有相似度距离小于模型训练得到的最优阈值才能作为合格的匹配场景，并且只有场景内空间实体的属性及对应的空间关系才可以影响筛选结果，部分相似场景筛选过程如表 6-5 所示。通过模型计算得出的相似度距离，可以给出场景的一个初始相似性得分。依据该相似性得分，可以对查询出的结果进行相似度排序，以比较出在数据库中经过模型计算查询出的与待查询场景在整体上相似度最高的场景。在该相似性距离度量中，一般默认相似度距离为零时代表两个场景完全相似，相似度距离超过规定阈值时则判别为不相似场景。

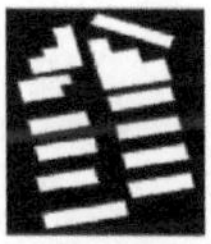

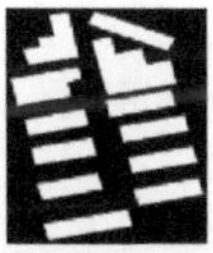

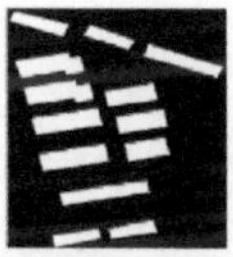

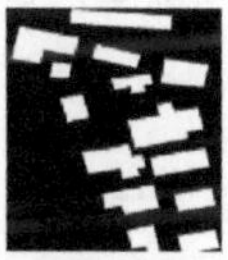

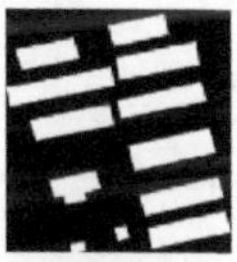

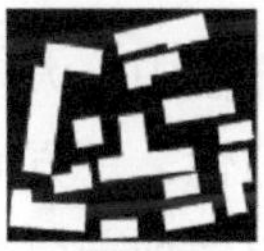

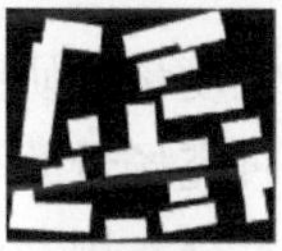

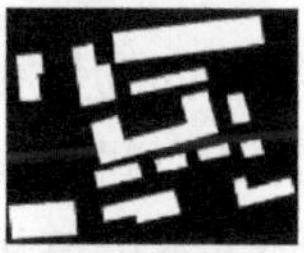

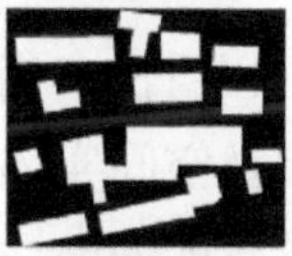

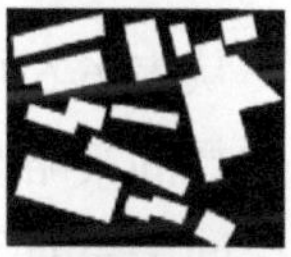

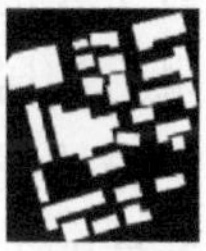

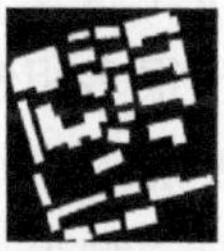

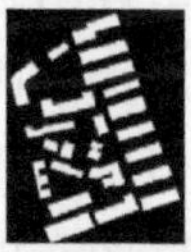

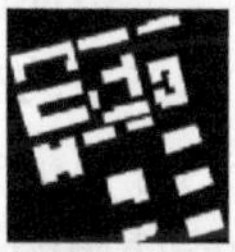

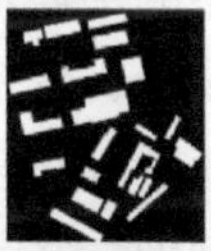

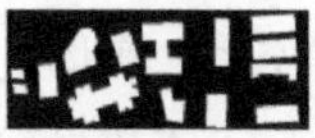

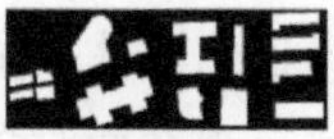

表 6-5　部分相似场景筛选过程

编号	样例	数据库场景			
1		相似度距离0.4089	相似度距离1.2520	相似度距离1.7160	相似度距离2.1044
2		相似度距离0.0142	相似度距离1.5733	相似度距离1.7256	相似度距离2.0549
3		相似度距离0.4515	相似度距离1.4166	相似度距离1.8037	相似度距离1.9217
4		相似度距离0.5424	相似度距离0.8877	相似度距离1.4581	相似度距离2.5986
5		相似度距离0.6103	相似度距离0.8584	相似度距离1.2481	相似度距离1.3561

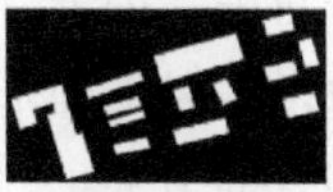

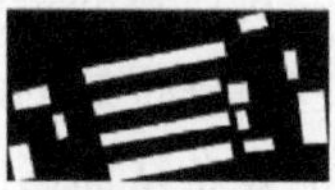

借助表 6-5 中 50 个随机的样例场景进行相似性评估与筛选，与文献[75]、文献[119]～文献[127]所提出的方法进行比较，对于各文献所提出的方法是否顾及场景内的空间实体属性及其空间关系得到比较如表 6-6 所示。

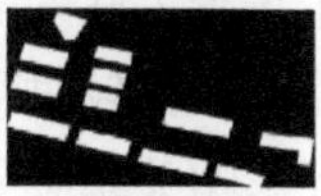

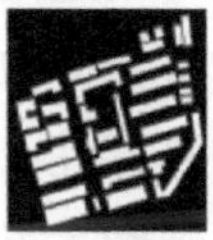

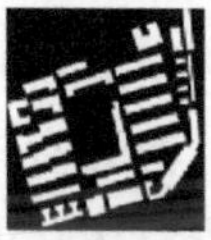

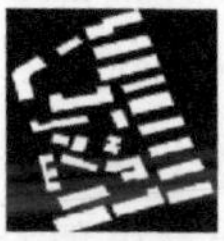

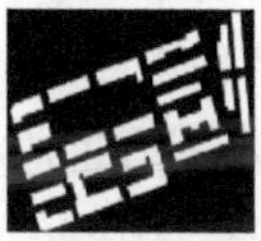

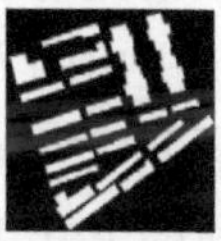

表 6-6　空间场景相似性计算方法对比

序号	空间场景相似性度量方法	顾及空间实体属性	顾及空间关系
1	文献[75]方法	否	是
2	文献[119]方法	是	是
3	文献[120]方法	是	是
4	文献[121]方法	否	是
5	文献[122]方法	否	是
6	文献[123]方法	否	是
7	文献[124]方法	否	是
8	文献[125]方法	否	是
9	文献[126]方法	否	是
10	文献[127]方法	否	是
11	本节方法	是	是

从表 6-6 中可以看出，当前在空间场景相似性度量的研究方法中，大多数研究选择的策略是顾及空间实体属性及空间关系来研究场景的相似性，一方面是因为空间关系对于场景的完整性起到了不可替代的黏合作用，可以保证需要查询或检索的实体范围以一个整体的形式呈现出来，但是在研究中发现对于大范围的空间场景，仅依靠空间关系的相似性度量往往会出现很多相似的结果，如居民区、商业区等很多场景的分布模式很相似，因此还需要加入空间实体本身的属性来辅助判别。文献[119]所使用的场景关联图在提出时是一种很具有创新性的方法，由于场景关联图需要对比较的每一对关系都进行计算，在进行含有少量实体的场景相似性比较时可以发挥很好的效果，但是如果场景内实体数量较多，实体间的相互影响关系会更加复杂从而影响查询结果。因此，当在面对含有实体数量较多的场景情况时，使用场景关联图的计算方法会使得数据库中的计算开销过高。而本节所提出的方法借助了图结构数据的优势，在面对空间场景内含有实体数量较多的情况以及待比较场景间实体数量不相同的情况时都具有较好的兼容性。除了对当前的方法进行定性的比较，在定量度量空间场景整体相似性的准确率方面也进行了对比实验。将被识别出的相似场景占待查询场景总数的比值作为评估模型识别准确率的标准，各文献方法与本节方法的识别准确率如表 6-7 所示。

表 6-7　空间场景识别准确率对比

序号	空间场景相似性度量方法	识别准确率
1	文献[121]方法	0.58
2	文献[119]方法	0.62
3	文献[125]方法	0.70
4	文献[75]方法	0.72
5	本节方法	0.84

综合上述实验分析结果可以得出，本节提出的空间场景整体相似性度量模型综合考虑了空间实体本身的属性信息以及对应实体的空间关系，在当前对于空间场景相似性计算的研究中是对场景信息综合考虑最全面的方法，不仅可以支持场景全局和局部的相似性比较，同时也简化了查询与计算的过程，可以将被查询或筛选的场景按照相似度距离的大小进行排序。由图结构支持的场景图很好地模拟了场景内的空间分布关系并且符合人们的认知习惯，实验表明即使不是一个数据源的数据，经过训练的模型在大多数情况下也能筛选出正确的结果，可以为场景相似性的研究提供更加智能及准确的方法。

6.5.2　场景相似性计算

1. 引入 SuperGlue 算法的模型训练

本节实验在 6.4 节实验的基础上进行进一步研究，6.4 节的实验能够从若干个场景中筛选出较为相似的场景，本节将对由 6.4 节实验筛选出的场景的相似性进行进一步计算以期望识别出最相似的场景从而优化实验结果。本节实验的环境也是基于 Python 3.8.13 以及 Pytorch 1.11.0 进行的，将已经被识别为相似的场景图作为输入数据，场景图中的关键点信息经过一个高维感知机嵌入到一个高维向量中进行耦合；随后经过自注意力层以及交叉注意力层的神经网络强化对应的特征，自注意力层关注场景图内特征间的相似情况，并根据特征的重要性来更新对应的权重从而使其能更关注具有特异性的点，而交叉注意力层的作用与自注意力层类似，但是比较的对象为两个场景图之间的节点特征。经过注意力层后可获得可以描述当前场景图的场景描述子，并可进行相似度矩阵的解算。模型验证集的结果如图 6-16 所示，图 6-16 显示了验证集的准确率和损失函数随时间变化的情况，用以更好地评估模型的稳定性。可以看出，随着训练步数的增加，模型的准确率逐渐增加，损失函数逐渐减小，在大约 300 步的训练后两者都趋于收敛。

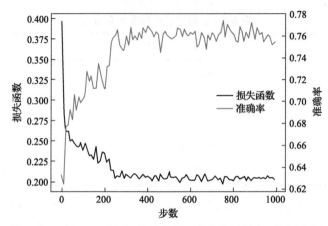

图 6-16　引入 SuperGlue 算法的模型准确率与损失函数示意图

2. 实验结果评价与分析

当场景图借助注意力层进行特征强化后便得到可以表示该场景图特征的场景描述子,将经过 GNN 层聚合得到的 f_i^A 与 f_i^B 进行内积计算,并通过 Sinkhorn 算法对矩阵不断进行行归一化以及列归一化从而实现相似度矩阵的求解,其过程如图 6-17 所示。

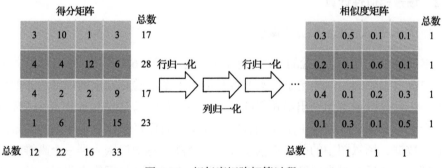

图 6-17　相似度矩阵解算过程

在场景相似性评估任务中,场景内实体的相似性和空间关系的相似性都应该予以讨论。本节实验选择 1000 对场景图作为测试数据,其中场景内节点数量相同的场景和不相同的场景所占比例相同,实验中使用等值点(equal point,EP)表示节点数量相同的场景图,用不等点(unequal point,UP)表示节点数量不相同的场景图,用空间关系(spatial relation,SR)指代引入空间关系相似度矩阵的场景图。统计结果如图 6-18 所示。

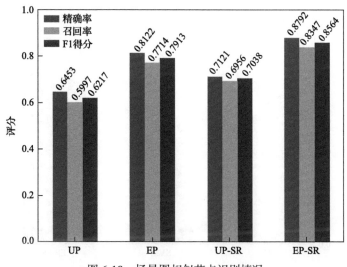

图 6-18　场景图相似节点识别情况

　　从图 6-18 中可以看出，场景图节点数量的相同与否会对结果的评分产生较大影响，节点数量相同的场景图相对于节点数量不相同的场景图明显具有更高的对高相似节点识别的评分。这是因为在节点数量相同的场景图中，每个节点所对应的空间关系均较为稳定，受到的关于节点上下文关系的约束作用也较为一致，所以被识别出的评分较高；而当场景图的节点数量不相同时，对于在参考的场景图中寻找相似节点的过程就较为困难，原因是有些节点可能存在多个相似节点的情况，或者找不到相似的节点。对于存在多个相似节点的情况就有可能识别出错误的节点对应关系，而若模型搜寻不到相似的节点，依据算法则会将该点进行特殊标注，不进行识别，这样的好处是将没有被识别的哑点晒出，以提高模型的评分。图 6-18 也表明，引入空间关系相似度矩阵对于模型的评分均有提升，这也印证了空间关系的约束对场景相似性计算具有促进作用。

　　为了进一步验证本节所使用模型的性能，将预处理步骤中提取的相似性特征输入常见的机器学习模型中进行训练和测试，用以探究不同的机器学习模型（如随机森林（random forest，RF）模型、支持向量机（support vector machine，SVM）模型）对于场景相似性计算任务的有效性，统计结果如图 6-19 所示。

　　从图 6-19 中可以看出，使用传统的机器学习方法在进行场景图的相似节点预测任务时表现得不够理想，分析其中的原因如下：传统的机器学习方法主要根据每个节点的特征进行分类判断，容易忽略节点属性之间的相关性，无法顾及相邻节点之间约束等因素的影响，即没有考虑实体之间的空间关系，与图 6-18 中没有

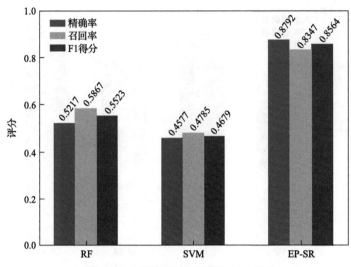

图 6-19　不同算法的性能对比示意图

引入可以表示空间关系特征的结果相类似。而相比较于传统的机器学习模型，本节所使用的模型主要优势在于不仅借助 GNN 注意力机制的特点，利用节点属性特征的相似性对特征进行更新，相当于对描述场景的特征向量进行特征强化，还引入了描述空间关系的特征矩阵用以加强对场景图的描述能力。基于该模型可以对 6.4 节的实验进行进一步完善，6.4 节所使用的空间场景相似性度量模型虽然可以从整体的角度评估场景之间的初始相似性，但是对于一些空间关系相近的场景仍然会出现误判或者难以分辨的情况，如在模型的预测中会出现某个场景与好几个场景均相似的情况，本节实验在 6.4 节实验的基础上进行优化，运用 6.4.3 节所提出的空间场景间相似性计算方法计算出与待查询目标最相似的场景。

如图 6-20 所示，其中经过 6.5.1 节的模型查询出与场景 a 最相似的两个场景，分别为场景 b 与场景 c，但是仅通过 6.5.1 节的模型无法得出场景 b 和场景 c 中哪一个才是正确的场景。这是由于场景 b 和场景 c 对于模型来说，在整体上存在相似性，且受限于 GCN 在信息传递过程中进行的加权平均聚合的计算方法，使得其无法对场景图中的关键节点进行识别。而在进行场景相似性度量时往往也会依赖其中的关键点信息来进行辅助判断，因此需要将这两个场景与待查询的场景分别进行相似节点的识别与计算，从而优化由整体相似策略筛选出的相似场景结果。

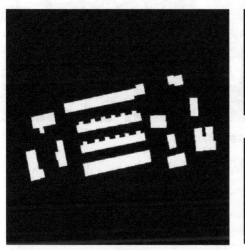

(b)　场景 b

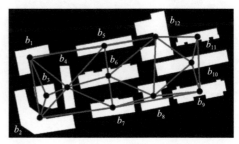

(a)　场景 a

(c)　场景 c

图 6-20　相似场景识别结果

图 6-21 表示模型对场景 a 与场景 b 的节点相似性识别结果，图 6-22 表示模型对场景 a 与场景 c 的节点相似性识别结果，对于场景 a，模型在场景 b 中很难找到与之相似的节点情况，这些哑点在识别的过程中会被放入一个特殊的通道进而与一个特定的值匹配；而对于场景 c 中的点，模型可以识别出与场景 a 中对应的最相似的节点，根据式 (6.18) 可以计算出场景 a 与场景 b、场景 c 的相似度分别为 0.2118 和 0.7507，因此可以推断，场景 c 是与场景 a 最为相似的场景。

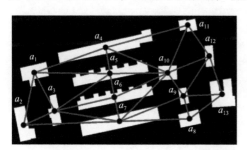

识别成功的相似节点

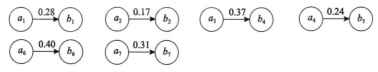

图 6-21　场景 a 与场景 b 的节点相似性识别结果

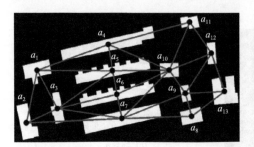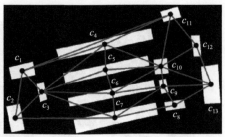

识别成功的相似节点

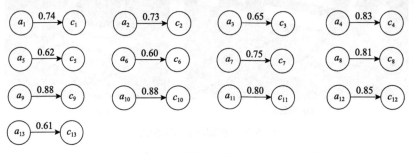

图 6-22　场景 a 与场景 c 的节点相似性识别结果

第7章 少量标记样本下的矢量建筑物智能匹配

7.1 基于单类支持向量机的简单建筑物匹配

目前应用于建筑物匹配的二元分类方法大都需要构建大量正负样本，但针对建筑物匹配任务，人眼辨别多种建筑物匹配情况并标注样本，需要识别建筑物的影响范围和匹配类型，并纳入和排除对应的建筑物，负样本的数量和识别难度都高于正样本，合理选择负样本是个费力的工作，而且不匹配对的特征是复杂和多样的，很难创建包含所有不匹配特征的样本库，二元分类方法可能产生有偏的分类结果。

为了解决以上问题，将建筑物划分为简单建筑物(1:1)和复杂建筑物(低精度1:1 和 1:N、M:1、M:N)，有针对性地设计不同的匹配策略，进行分层次匹配。本节聚焦于简单建筑物匹配，引入单类支持向量机(one-class support vector machine, OCSVM)分类器，从所有匹配关系中学习匹配的特征，提出基于 OCSVM 的简单建筑物匹配方法。该方法仅需要少量正样本，避免了样本(特征)不平衡引起的分类偏差。充分考虑到不同精度 1:1 匹配的特征，利用几何特征和上下文特征进行严格匹配和松弛匹配来适应建筑物数据区域复杂度不同的情况。本节研究包括以下内容。

(1)候选匹配集构建。通过建筑物重叠获取拓扑相交候选集，构建建筑物质心的 Delaunay 三角网获取空间邻近候选集，两个候选集几乎包括了所有待匹配候选集。

(2)相似性度量。利用建筑物的几何特征、拓扑特征和上下文特征分别得到几何相似性度量模型与空间相似性度量模型，使用空间关系信息为几何特征提供支持。

(3)简单建筑物匹配。利用几何度量指标训练模型实现严格匹配；在此基础上，利用几何度量指标和上下文指标训练模型实现松弛匹配，针对匹配类型和匹配数据进行简单、复杂和严格、松弛的分层次匹配，适应异源建筑物精准度较好和特征差异大的不同情况。

7.1.1 候选匹配关系构建方法

1. 相交及邻近法构建候选匹配集

确定候选匹配集是建筑物匹配中的关键环节，可以将特征计算约束在一个合理的范围内，大大减少了计算量。常用的构建候选匹配集方法有全图搜索、建立缓冲区、建立空间索引、通过拓扑关系判断、构建建筑物的类 Voronoi 图等[128]。为了兼顾更加全面的候选匹配对象，本节使用拓扑相交关系和空间邻域关系构建候选匹配集。它们可以聚合符合格式塔理论的具有相同空间分布模式且邻近的元素，从而确保聚合元素的完整性不被破坏[129]。

拓扑相交是用于匹配来自不同来源的空间数据的主要计算解决方案之一[130,131]。例如，在图 7-1 中，可以使用交集方法获得候选匹配，具体为：g_2 是 b_2 的候选匹配，1:1；g_1 是 b_1 和 b_7 的候选匹配，1:N。然而，由于不同来源的建筑物位置差异很大，单独的相交方法受到限制。例如，仅使用交集方法，g_5 的候选匹配是 b_4，b_4 的候选匹配是 g_4 和 g_5。因此，本节通过 Delaunay 三角网引入空间邻域关系来优化候选匹配集，通过建筑物质心的 Delaunay 三角网构建空间邻域关系，将候选匹配对的邻近建筑物纳入候选匹配集中，以减少漏匹配。图 7-1 中，g_5 的邻域为 g_4，b_5 和 b_6 为 b_4 的邻域，相交和邻近组成候选匹配集，构成匹配关系为 $M:N$。

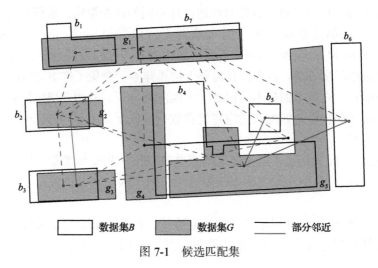

图 7-1　候选匹配集

具体构建步骤如下。

(1)假定有参考数据集 $B = \{b_1, b_2, \cdots, b_m\}$ 和目标数据集 $G = \{g_1, g_2, \cdots, g_n\}$，将异源建筑物数据进行叠加，获取拓扑邻近关系。

(2)将数据集 G 中与数据集 B 中建筑物 b_i 相交的建筑物集合 G_1 作为待匹配候选集。

(3)构建数据集的 Delaunay 三角网，获取一阶邻近关系。

(4)获取集合 G_1 的一阶邻近集 A_1 作为补充候选集，则建筑物 b_i 的候选匹配集为 $\{A_1, G_1\}$。

(5)利用上述步骤，获取目标数据集中建筑物 g_i 的候选匹配集。

2. 基于学习方法的正负样本分析

当前研究中，常用的候选匹配集构建方法包括缓冲区法、拓扑约束法、属性相似法等。缓冲区法根据专家经验或实际情况设定缓冲距离，将缓冲区域内的建筑物作为候选匹配集；拓扑约束法将满足一定拓扑约束条件的建筑物划分到同一个候选匹配集中，如相对位置、连接关系；属性相似法将具有相似属性的建筑物划分到同一个候选匹配集中，对数据的属性精度要求较高。缓冲区法和拓扑约束法对建筑物数据的精度要求比较高，对于简单的 1:1 匹配关系具有较好的效果，但是对于差异化建筑物的 $M:N$ 匹配关系，候选匹配集筛选容易造成遗漏。下面以区域重叠法、缓冲区法和本节方法为例，对候选匹配集筛选策略和样本制作进行分析。

候选匹配集对建筑物匹配至关重要，尤其是复杂的 $M:N$ 匹配关系，候选匹配集的质量和数量将直接影响后续匹配算法的效果。如图 7-2 所示，利用区域重叠法、缓冲区法和相交及邻近法获取江汉区某区域的百度数据 2056 个建筑物和高德数据 1581 个建筑物的候选匹配集，并人工标注匹配（正样本）或不匹配（负样本）。由统计结果（表7-1）可以看出，三种方法获取的样本中，负样本远高于正样本，且每个（组）建筑物候选匹配集中不匹配的形式和特征差异是多样的。以匹配对 $(b_4, b_5, b_6 : g_4, g_5)$ 为例，在构建候选匹配集时，区域重叠法遗漏了 (b_5, b_6)；缓冲区法（r=15m）同样遗漏了 (b_5, b_6)，但 r=30m 时候选匹配集包括了匹配对，受缓冲距离影响较大；而本节方法通过邻近筛选，识别出了合适的候选匹配集（图7-1）。

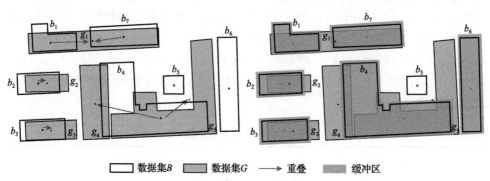

　　　　　□ 数据集B　　■ 数据集G　　→ 重叠　　■ 缓冲区

图 7-2　候选匹配集获取方法

表 7-1　样本统计

数据	方法	总样本	正样本	负样本
百度 2056 个建筑物 高德 1581 个建筑物	区域重叠法	4464	1240	3224
	缓冲区法	5636	1342	4294
	相交及邻近法	7813	1447	6366

人为标注样本包括一对一 $1:1$、一对多($1:N$、$M:1$)和多对多($M:N$)的情况，需要识别建筑物的影响范围，纳入和排除对应的建筑物，尤其是位于群组边界的建筑物的标签。无论是样本数量还是样本识别难度，负样本都高于正样本(表 7-1)。虽然为经典机器学习方法合理地选取负样本，不同分类器的性能不会有显著差异，但常用的二元分类方法需要正负样本来训练分类器，"合理地选取负样本"在建筑物匹配的负样本制作中本身是个耗费精力的工作，而且为保证工作流在不同城市和不同领域的适用性，样本通常在标记好的样本中随机选取，正样本特征分布差异远小于负样本。根据以上分析，本节使用 OCSVM 分类器作为特征分类器，仅需要少量正样本。

7.1.2 顾及全局寻优的建筑物空间相似性度量

1. 全局寻优策略

目前大多数面状建筑物的匹配流程一般如下：首先在某个待匹配建筑物的范围内搜索建筑物作为其可能匹配的对象，即候选匹配集，然后计算目标数据集的待匹配要素集与参考数据集的候选匹配集的相似性，使用人为设置或机器学习、深度学习等方法获取的阈值和权重，处理得到匹配项的综合相似性及分类结果。这种建筑物匹配策略称为局部寻优策略，即从候选匹配集中筛选与之最匹配的建筑物。但是当异源数据的精度差异较大时，局部寻优策略可能导致误匹配。

如表 7-2 所示，如果仅使用几何特征，特征差异 1 无论是人为或者算法得到的阈值均无法顾及这种特征差异大的情况，因此需要空间邻域特征作为支持，提高匹配的概率。特征差异 2 存在较大的位置差异，基于局部寻优的策略会倾向于匹配相似性更高的 (b_2, g_1)，导致匹配对 (b_1, g_1) 和 (b_2, g_2) 被误配为 (b_2, g_1)，且遗漏 b_1 和 g_2。由此可见，在位置精度不高的情况下，局部寻优的匹配策略不能保证建筑物匹配的准确性。

表 7-2   特征差异示意图

因此，需要既能顾及局部又能着眼全局的策略，这种策略称为全局寻优策略[132-134]。保证两个数据集在整体上达到最佳匹配关系，实现全局一致性，即两个实体互为匹配的同时，它们邻域内对应的其他实体也互为匹配关系。以表 7-2 为例，假设 (b_1,g_1) 的相似度为 0.5，(b_2,g_1) 的相似度为 0.8，(b_2,g_2) 的相似度为 0.5。基于全局寻优策略，因为 (b_1,g_1) 和 (b_2,g_2) 相似度之和大于 (b_2,g_1) 的相似度，所以认为 (b_1,g_1) 和 (b_2,g_2) 为匹配对。

根据建筑物全局寻优策略的原理，全局优化过程如下。

(1) 假设有参考数据集 $B=\{b_0,b_1,\cdots,b_m\}$，目标数据集 $G=\{g_0,g_1,\cdots,g_n\}$。

(2) 给定一个 m 行 n 列的矩阵 S，其中 m 和 n 分别是数据集 B 和数据集 G 中的建筑物数量。

(3) 矩阵 S 的元素 s_{ij} 定义为 $s_{b,g}=\begin{cases}1-f(x_{h,k}), & f\geqslant 0 \\ f(x_{h,k}), & f<0\end{cases}$，其中 $f(x_{h,k})$ 是匹配对 (b_h,g_k) 基于 OCSVM 的决策函数 (decision function) 值的归一化值 d_f，$d_f\in[-1,1]$。

(4) 给定一个 m 行 n 列的矩阵 A，表示数据集 B 与数据集 G 匹配的所有可能情况，其中若实体 b_h、g_k 匹配，则 $a_{h,k}=1$，否则为零。

决策变量可以定义为

$$a_{h,k}=\begin{cases}1, & b_h \text{ 与 } g_k\text{匹配} \\ 0, & b_h \text{ 与 } g_k\text{不匹配}\end{cases} \tag{7.1}$$

匹配矩阵 A 和决策变量矩阵 S 可以描述为

$$A=\begin{bmatrix}a_{11} & a_{12} & \cdots & a_{1n} \\ a_{21} & a_{22} & \cdots & a_{2n} \\ \vdots & \vdots & & \vdots \\ a_{m1} & a_{m2} & \cdots & a_{mn}\end{bmatrix}, \quad S=\begin{bmatrix}s_{11} & s_{12} & \cdots & s_{1n} \\ s_{21} & s_{22} & \cdots & s_{2n} \\ \vdots & \vdots & & \vdots \\ s_{m1} & s_{m2} & \cdots & s_{mn}\end{bmatrix} \tag{7.2}$$

对 S、A 的阿达马积 (Hadamard product) 使用匈牙利算法，确定匹配结果的模型可定义为

$$\min Z=\sum_{i=1}^{m}\sum_{j=1}^{n}\left(s_{ij}a_{ij}\right), \quad \text{s.t.}\begin{cases}\sum_{i=1}^{m}a_{ij}=1, & j=1,2,\cdots,n \\ \sum_{j=1}^{n}a_{ij}=1, & i=1,2,\cdots,m \\ a_{ij}=1 \text{ 或 } 0, & i=1,2,\cdots,m, \quad j=1,2,\cdots,n\end{cases} \tag{7.3}$$

基于不同行和不同列中矩阵 Z 的元素最小和，产生了如式 (7.2) 中定义的矩阵

A 确定的一对一匹配集 matched $= \{G_i : B_j\}$，G_i 是建筑物数据集 G 第 i 个对象，B_j 是建筑物数据集 B 第 j 个对象。而下面将要介绍的上下文相似性和拓扑相似性均是建立在全局策略优化后的邻域已匹配集的基础上计算的。

2.建筑物相似性评价指标

建筑物数据的特征多种多样，常用的有面积、方向、坐标、长轴、重叠面积、最小外接矩形（minimum bounding rectangle，MBR）、拓扑信息、结构信息、属性信息、语义信息等。根据空间相似性的定义，所提取的建筑物特征在局部度量方面可以从距离相似度、方向相似性、面积相似性、形状相似性、面积重叠度等方法度量建筑物的几何相似性，在整体度量方面可以从上下文相似性、拓扑相似性等方面度量建筑物的邻近相似性。根据特征的不同，度量的计算方法也会有所不同，如余弦法、比值法等。对于不同精度的数据，使用特定的特征和度量方法可以更好地描述建筑物间的相似性。例如，对于精度高的面数据，使用基于几何特征的相似性度量方法就可以很好地描述建筑物的空间关系；对于精度一般的面数据，则需要使用基于上下文特征及拓扑特征的相似性度量方法作为补充。

没有通用的相似性指标，并且每个指标仅适用于特定场景。为了在存在建筑物个体特征差异及局部整体误差的数据上实现良好的匹配效果，选取的面实体度量特征包括位置、方向、面积、形状、重叠面积、拓扑信息和上下文信息。通过计算建筑物的几何特征、空间关系特征来判断待匹配要素的匹配程度。下面将详细分析采用的建筑物相似性评价指标。

1）位置相似性

地理位置属性是空间数据最基本的特征之一。距离能反映两个建筑物之间在位置上的接近程度，而异源数据中的同名建筑物在经纬度上应该是相互接近的。因此，定义位置相似性作为建筑物匹配描述指标。本节用两个建筑物的质心欧几里得距离与最大距离的比值来描述位置相似性，计算方法为

$$\text{sim}_{\text{Location}}(b, g) = 1 - \frac{\sqrt{(x_2 - x_1)^2 + (y_2 - y_1)^2}}{U} \tag{7.4}$$

其中，(x_1, y_1) 和 (x_2, y_2) 为要匹配的两个实体的质心坐标；U 为待匹配多边形 b 和多边形 g 的边界点集距离的最大值。度量值域为[0,1]，值越大表示越相似。

2）方向相似性

建筑物的方向一般采用 MBR 的长轴方向来描述，建筑物的方向相似性通过方向夹角的余弦值来计算，如式（7.5）所示：

$$\text{sim}_{\text{Direction}}(b, g) = \left| \cos\left(\left| \theta_b - \theta_g \right| \right) \right| \tag{7.5}$$

其中，b 和 g 分别为待匹配数据集 B 和待匹配数据集 G 中的多边形；$\theta_{(\cdot)}$ 为多边形 MBR 长边方向。度量值域为[0,1]，值越大表示越相似。

3）面积相似性

尽管由于制图综合和其他因素，不同比例尺的地区实体之间存在面积差异，但保持地理实体的大小特征是地图制图的一个重要原则。面积揭示了一个地理实体的大小，有匹配关系的建筑物在面积上会有相似之处。本节通过面积之比来衡量建筑物的面积相似性，如式 (7.6) 所示：

$$\text{sim}_{\text{Area}}(b,g) = \frac{\min\{\text{Area}(b), \text{Area}(g)\}}{\max\{\text{Area}(b), \text{Area}(g)\}} \tag{7.6}$$

其中，b 和 g 分别为待匹配数据集 B 和待匹配数据集 G 中的多边形；$\text{Area}(\cdot)$ 为多边形的面积。度量值域为[0,1]，值越大表示越相似。

4）形状相似性

形状度量描述并量化物体的几何形状，尤其是区域特征。考虑到建筑物几何形状的特殊性，本节使用形状指数(转角函数[135])衡量建筑物几何形状，该方法将弧段上每个点的切线角度变化率作为度量形状相似性的指标。选择横坐标最小的顶点为起始点，沿逆时针方向，以弧段的归一化长度为横坐标，转角累计值为纵坐标，绘制转角函数曲线如图 7-3 所示。形状相似性计算方法为

$$\text{sim}_{\text{Shape}}(b,g) = 1 - \frac{\int_0^1 |e_b(l) - e_g(l)| \, \mathrm{d}l}{\max\left\{\int_0^1 e_b(l)\mathrm{d}l, \int_0^1 e_g(l)\mathrm{d}l\right\}} \tag{7.7}$$

其中，b 和 g 分别为待匹配数据集 B 和待匹配数据集 G 中的多边形；$e_{(\cdot)}(\cdot)$ 为面状建筑物的转角累计值；max 为最大值函数。度量值域为[0,1]，值越大表示越相似。

5）面积重叠度

重叠面积是寻找建筑物对应关系的重要指标，主要使用此指标筛选样本集。异源建筑物之间重叠面积的比率可以用相交面积的值除以它们各自区域的最大值来计算，如式 (7.8) 所示：

$$\text{sim}_{\text{Overlap}}(b,g) = \frac{\text{Area}(b \cap g)}{\max\{\text{Area}(b), \text{Area}(g)\}} \tag{7.8}$$

其中，b 和 g 分别为待匹配数据集 B 和待匹配数据集 G 中的多边形；$\text{Area}(\cdot)$ 为多边形的面积；max 为最大值函数。度量值域为[0,1]，值越大表示越相似。

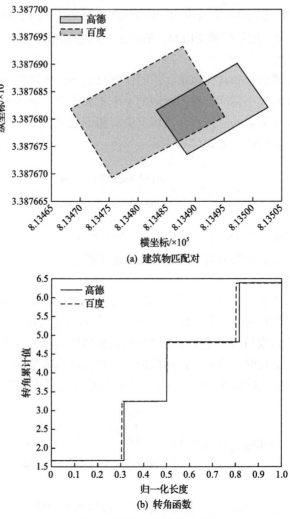

(a) 建筑物匹配对

(b) 转角函数

图 7-3　转角函数计算示例

　　6) 上下文相似性

　　上下文信息定义为目标建筑物与其相邻已匹配建筑物之间的相对空间关系。也就是说，来自不同数据源的目标是匹配的，它们的邻居也应该是相互匹配的。经 7.1.2 节第一部分处理后的匹配结果，匹配的实体就可以看作计算上下文信息以识别其邻居匹配关系的锚点，可以帮助提升匹配准确率。例如，在图 7-4 中，匹配对 $(b_2:g_2)$、$(b_3:g_3)$、$(b_4:g_4)$ 可以为其邻居 $(b_1:g_1)$ 提供上下文信息。来自邻域的匹配信息作为上下文信息可以提高匹配非 1:1 的性能。例如，在图 7-4 中，上下文信息可用于支持识别非 1:1 匹配对 $(b_5,b_6,b_7:g_5,g_6,g_9)$。具体来说，若将 b_5 和 g_5 视为匹配对，则 $(b_5:g_5)$ 和锚点 $(b_3:g_3)$ 之间的一致性很低。相反，如果将

(b_5, b_6, b_7) 和 (g_5, g_6, g_9) 作为匹配对，匹配的实体和待匹配的实体之间的一致性很高。

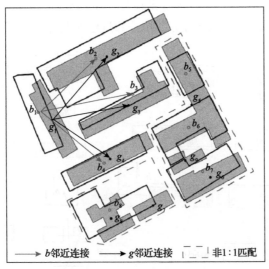

图 7-4　上下文相似性计算示例

对于建筑物，假设一致性可以用距离和方向来描述。因此，上下文相似性的定义为

$$
\begin{cases}
r_{\text{dis}} = 1 - \dfrac{|d(b_i, b_h) - d(g_j, g_k)|}{\max\limits_{b_m \in N_i, g_n \in N_j} \left\{ d(b_i, b_m), d(g_j, g_n) \right\}} \\[4mm]
r_{\text{dir}} = \cos\left(|\theta_{(b_i, b_h)} - \theta_{(g_j, g_k)}| \right) \\[4mm]
\text{sim}_{\text{Context}}(b, g) = \dfrac{1}{n_i} \sum\limits_{b_h \in N(b_i)} \left(r_{\text{dis}} \times r_{\text{dir}} \right)
\end{cases}
\tag{7.9}
$$

其中，b_i、g_j 为要匹配的实体；b_h、g_k 为匹配的实体对；$d(b_i, b_h)$ 和 $d(g_j, g_k)$ 为建筑物足迹之间的欧几里得距离；N_i 和 N_j 分别为 b_i 和 g_j 的空间邻近目标集；n 为邻居的数量，$\theta_{(b_i, b_h)}$ 为 b_i、b_h 的质心连线与 x 正轴夹角；$\theta_{(g_j, g_k)}$ 为 g_j、g_k 的质心连线与 x 正轴夹角；r_{dis} 为向量 (b_i, b_h) 和向量 (g_j, g_k) 的相对距离；r_{dir} 为向量 (b_i, b_h) 和向量 (g_j, g_k) 的相对方向。

7) 拓扑相似性

全局拓扑特征可以描述为待匹配要素拓扑邻近已匹配的匹配对象对待匹配的

支持程度。表现为待匹配建筑物 G 的拓扑邻近已匹配邻居数目与对应建筑物 B 的拓扑邻近已匹配邻居数目是一致的。经 7.1.2 节第一部分处理后，图 7-5 中的待匹配建筑物对 $\{b_3 : g_3\}$ 的已匹配候选要素集是 $\{b_1 : g_1, b_4 : g_4, b_7 : g_7\}$，建筑物 g_3 的拓扑邻近已匹配邻居数目与建筑物 b_3 的拓扑邻近已匹配邻居数目是趋于一致的。

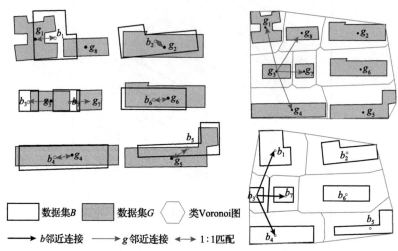

图 7-5　全局拓扑相似性计算示意图

如式 (7.10) 所示，拓扑强度 TP_I 用于描述多边形与其拓扑相邻多边形的关系，通过邻近已匹配数量占总邻近数量的比例计算得到，如建筑物 b_3 的拓扑强度为 1/1，建筑物 g_3 的拓扑强度为 3/4。

$$TP_I = \frac{1}{n}\sum_{h=1}^{n}x_h, \quad \begin{cases} x_h = 1, & \text{邻近匹配} \\ x_h = -1, & \text{邻近不匹配} \end{cases} \tag{7.10}$$

其中，n 为邻近多边形数量；x_h 为是否匹配的标签值，若邻近匹配则 $x_h = 1$，若邻近不匹配则 $x_h = -1$。

根据图 7-5 类 Voronoi 图获取的邻近关系，b_3 的拓扑邻近相似度可以由邻近已匹配要素 $\{b_1, b_4, b_7\}$ 在类 Voronoi 图各自闭合域中的边界长度，通过加权闭合域内的相似度（如 b_7 的加权距离是加粗黑色边界）得到，用其均值代表待匹配要素的拓扑邻近关系，根据式 (7.11) 计算建筑物 b_3 和 g_3 各自的拓扑邻近相似性 TP_S：

$$TP_S = \sum_{i=1}^{n}\frac{l_{i-\text{part}}}{l_{\text{all}}}\left(\text{decision} - v_i\right) \tag{7.11}$$

其中，n 为邻近多边形数量；$l_{i-\text{part}}$ 为类 Voronoi 图中该邻近要素的闭合域边长；l_{all} 为类 Voronoi 图中该待匹配要素的闭合域总边长；$\text{decision} - v_i$ 为第 i 个邻居匹配对的决策函数值。

本节拓扑相似性 TP 如式(7.12)所示，待匹配对拓扑相似性通过拓扑强度和拓扑邻近相似性的乘积获得：

$$TP = TP_I \times TP_S \qquad (7.12)$$

7.1.3　基于 OCSVM 的建筑物匹配关系识别

本节简单建筑物匹配关系识别共包括四部分，分别为数据预处理、候选匹配集构建、相似性因子计算和匹配模型构建与应用。图 7-6 为匹配策略的技术路线图，详细步骤如下。

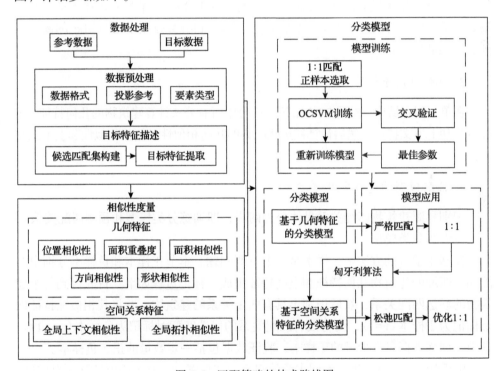

图 7-6　匹配策略的技术路线图

1. 数据预处理

(1)统一基准：包括数据格式、坐标系统和要素类型的统一。将数据格式转为 ArcGIS 支持的*.shp 与易于转移和程序识别的 GeoJSON 格式；武汉市建筑物数据坐标系统转换为 WGS-84 坐标系，投影为 WGS_1984_UTM_Zone_49N 坐标系；建筑物要素为面要素，路网数据为线要素。

(2)路网处理：选取市区一级路网数据作为分割城市街区的约束条件；然后提

取路网的道路中心线，并对路网进行清除悬挂线、拓扑检查操作，得到处理后的路网数据。

(3)构建街区：选取处理后的市区一级路网数据，与建筑物数据叠加解决道路和建筑物的冲突，然后将道路线转面并提取路网划分的建筑物群组。

2. 候选匹配集构建

假定有参考数据集 $B = \{b_1, b_2, \cdots, b_m\}$ 和目标数据集 $G = \{g_1, g_2, \cdots, g_n\}$，使用7.1.1 节第一部分介绍的候选匹配集构建方法，首先将异源建筑物数据进行叠加，获取目标数据集 G 中与参考数据集 B 中建筑物 b_i 相交的建筑物集合 G_1 作为待匹配候选集，然后使用质心的 Delaunay 三角网获取集合 G_1 的邻近集 A_1 作为补充候选集，则建筑物 b_i 的候选匹配集为 $\{A_1, G_1\}$。同样，目标数据集中建筑物 g_i 的候选匹配集亦用此法获得。

3. 相似性因子计算

在单个闭合域内，根据 7.1.2 节第二部分中所有公式计算建筑物的几何特征、拓扑特征和上下文特征，然后计算候选匹配集的几何相似性、拓扑相似性和上下文相似性。

4. 匹配模型构建与应用

识别异源建筑物匹配关系具体分为两步，即训练分类模型和预测匹配关系。
1)训练分类模型
在基于学习的方法中，样本是一个重要问题。本节正样本和负样本分别由匹配和不匹配的建筑物几何特征和空间特征组成。标记过程如下：首先得到每个建筑物的候选匹配关系；然后识别出具有匹配关系的建筑物，并将其相似性特征向量标记为正样本(y=1)，而将没有匹配关系的候选匹配对标记为负样本(y=−1)。其中，训练数据只有少量的正样本，验证数据包括一定数量的正、负样本。

由于误差和尺度问题，不同来源的建筑物在位置和形状上很难匹配所有实体。为了精细化识别异源建筑物匹配关系，本节采用严格分类模型和松弛分类模型实现匹配关系识别。经过本节第一部分到第三部分的处理，已获取待筛选的样本。对于严格分类模型，使用高重叠的候选匹配对 $(\mathrm{sim}_{\mathrm{Overlap}}(b, g) > 0.5)$ 作为训练数据，选取位置、方向、面积、形状特征构建训练样本。对于松弛分类模型，在不限制候选对象重叠的情况下选取训练数据，选取几何、拓扑、上下文特征构建训练样本，分类模型获取流程如图 7-7 所示。

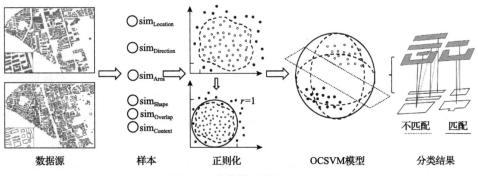

图 7-7　分类模型获取流程

OCSVM 分类模型训练详细步骤如下。

(1)特征提取。构建候选匹配关系,计算每个匹配对内异源建筑物的几何相似性和空间相似性。然后构建归一化的特征向量 $x = [f_1, f_2, \cdots, f_n]$ 作为样本数据。进行归一化处理是为了消除单位和尺度对特征的影响。

(2)创建样本。选择部分标记的样本,以 6:4 的比例分为训练集和测试集。训练集只包含正例样本,为了使用常用的 F1 得分指标来调整自由参数,测试集由等比例的正样本和负样本组成。

(3)模型训练。首先选择高斯核函数,并使用最大化的测试集 F1 得分来获得高斯核带宽 $g \in (0,1)$ 和松弛因子 $v \in (0,1]$;然后构造并求解优化问题,得到解 α_i 和一个正分量 α_j,并计算超平面到原点的距离 ρ;最后计算决策函数 $f(x)$,构造 OCSVM 模型。

(4)模型应用。将训练好的模型应用于预测异源建筑物匹配关系,输出结果为匹配和不匹配。若输入样本在决策超平面内,则输出标签 1(匹配关系);否则,输出标签–1(不匹配关系)。

2)预测匹配关系

匹配关系预测分为严格匹配关系预测和松弛匹配关系预测两步。首先进行严格匹配关系预测;然后利用预测结果的已匹配建筑物计算拓扑相似性和上下文相似性,训练松弛分类模型;最后利用松弛分类模型预测其余的未匹配建筑物的关联关系,详细阐述如下。

(1)严格匹配关系预测:将严格匹配模型预测的已匹配结果作为高精度的 1:1 匹配关系,也称为初始匹配 C_1。首先,从参考数据集 B 和目标数据集 G 中选取拟匹配的样本,经过本节第二部分获取候选匹配对;然后,通过训练好的严格分类模型对候选匹配对的位置相似性、方向相似性、面积相似性、面积重叠度和形状相似性进行预测,输出预测结果 1 和–1,即匹配和不匹配。但是,输出中可能有多个匹配的关系,表现为同一实体的多个候选匹配对均被识别为匹配。在这一步中，使用 7.1.2 节第一部分所述的指派算法对结果进行处理，作为最终的匹配结果。

(2) 松弛匹配关系预测：基于初始匹配结果进行松弛匹配，优化初始匹配结果，实现重合度不高的 1:1 匹配。通过训练好的松弛匹配关系识别模型，对候选匹配对的几何相似性、拓扑相似性和上下文相似性进行预测，其上下文信息使用从严格匹配关系预测中获得的匹配对作为锚点来计算。具体过程为：首先遍历初始匹配结果中的未匹配对要素集 G_1、B_1，假设其待匹配建筑物集 $g = \{g_1, g_2, \cdots, g_n\}$、$b = \{b_1, b_2, \cdots, b_n\}$，首先穷举 b 与某个待匹配要素 g_i 的候选匹配情况；然后计算待匹配要素相似性特征值，用松弛匹配关系识别模型得到最终预测结果，确定匹配关系，并将已匹配的建筑物更新到原始数据中，为余下的匹配提供上下文信息。依次迭代，直至遍历完所有要素，得到最终的 1:1 匹配结果。

7.1.4　实验与结果分析

1. 实验数据

为了测试本节匹配方法的可行性和有效性，以湖北省武汉市江汉区部分区域作为研究区域，选取百度市区一级路网数据、百度建筑物数据和高德建筑物数据作为测试数据。其中，路网物理划分区域数据为各个小区域，以百度数据集 B 作为参考数据集，高德数据集 G 作为目标数据集。其中线框多边形是百度参考建筑物，填充多边形是高德目标建筑物(图 7-8)。数据集 G 具有较大位置偏差，但属性信息较为全面，数据集 B 位置精度较好，但属性信息缺失。所选区域既有建筑物密集的城区，也有较为稀疏的郊区。区域 b、c、d 是图 7-8(a) 实验数据的局部放大图，其中区域 b 显示了部分训练数据的分布，区域 c 显示了部分测试数据的分布，区域 d 显示了部分验证数据的分布，可见待匹配数据具有明显的位置差异，尤其是小型建筑物，其分布密度不均匀，具有较好的匹配实验意义。

为了验证本节方法可推广至其他城市，选取北京的东西城区和加拿大安大略省约克区列治文山市作为研究区域。针对北京地区，选取百度市区一级路网数据、OSM 建筑物数据和高德建筑物数据作为测试数据(图 7-9(a))。同样使用路网将其划分为小区域，以高德数据作为参考数据集，OSM 数据作为目标数据集。针对约克区，选取 OSM 路网数据、OSM 建筑物数据和加拿大统计局的 Open Database of Building (ODB) 建筑物数据作为测试数据(图 7-9(b))。以 ODB 源作为匹配的参考数据集，OSM 源作为目标数据集。

以上数据集均位于城市区域，主要内容为城市建筑物，将异源数据集叠加，武汉市部分区域建筑物数据、北京市部分区域建筑物数据和约克区部分区域建筑物数据分别如图 7-8 和图 7-9 所示，实验数据详细信息如表 7-3 所示。

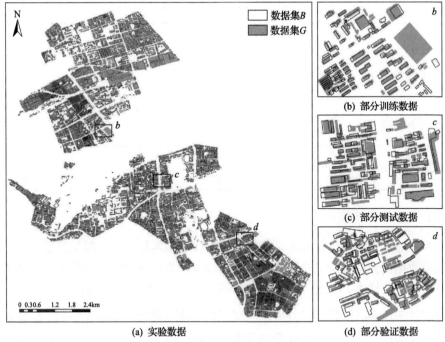

(a) 实验数据

(d) 部分验证数据

图 7-8　武汉市建筑物数据

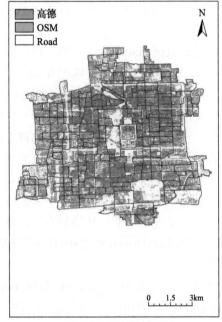

(a) 北京市东西城区部分区域

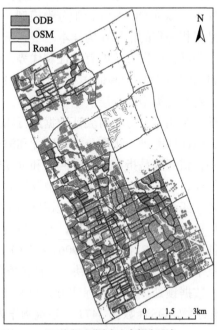

(b) 约克区列治文山市部分区域

图 7-9　北京市和约克区路网及建筑物数据

表 7-3 实验数据详细信息

研究城市	数据范围/km²	数据来源	更新时间	建筑物数量
武汉市江汉区	28.29	高德	2020	6522
		百度	2017	8385
北京市东西城区	98.84	高德	2020	31109
		OSM	2023	15410
约克区列治文山市	101.11	OSM	2023	10881
		ODB	2019	45760

2. 建筑物匹配实验

本节通过仅使用少量样本训练的 OCSVM 识别匹配关系。根据机器学习应用于矢量数据研究的经验，选择数百个正例样本作为训练数据，相较于二元分类方法所需的正负样本，OCSVM 分类方法所需的训练样本较少。具体而言，筛选 550 个符合 $\left(\text{sim}_{\text{Overlap}}(b, g) > 0.5\right)$ 的 1:1 匹配对，计算其位置、方向、面积、形状相似性特征作为样本训练 OCSVM 严格分类模型；选取 550 个无重叠度限制的 1:1 匹配对，在严格匹配结果的基础上，将拓扑特征、上下文特征结合几何特征作为训练样本，训练 OCSVM 松弛分类模型。为保证标识结果的准确性，取 3 名专家标识结果相一致的记录作为样本。

为确保所提方法的有效性和优势，选取高德数据 4309 个建筑物，百度数据 3471 个建筑物作为验证样本，其中 1:1 匹配有 1363 对，非 1:1 匹配有 436 对。在针对匹配类型的分层次匹配策略中，本节主要解决简单建筑物匹配，即部分 1:1 匹配。利用本节方法对验证数据进行匹配，将匹配结果划分为正确匹配和错误匹配，错误匹配进一步细分为错匹配和漏匹配。正确匹配意味着同名建筑物被正确识别；错匹配是指存在错误匹配和过度聚合的结果；漏匹配是未正确匹配的另一种情况，识别的匹配集中存在被漏掉的一个或多个要素，没有完全与对应的要素集建立匹配关系，如 1:1 匹配识别为空匹配、$M:N$ 匹配中 M 或 N 小于实际值方法评价本节方法的匹配效果，通过与人工标记结果进行对比。从结果来看，整个验证数据集的 F1 得分为 0.906（图 7-10），其精确率和召回率分别为 0.942 和 0.872。可见本节方法可以有效解决 1:1 的匹配问题。

数据预处理过程和标注方式与武汉地区类似，北京地区选取高德数据 6563 个建筑物，OSM 数据 3471 个建筑物作为验证数据，其中包括本节所需的 1479 个标注为 1:1 的样本。约克区选取 ODB 数据 12426 个建筑物，OSM 数据 3354 个建筑物作为验证样本数据，其中包括 2431 个标注为 1:1 的样本。利用武汉市建筑物数据训练的模型及匹配策略对北京和约克区的验证数据进行匹配实验，匹配结果如表 7-4 所示。结果表明，针对北京和约克区，本章方法也取得了良好的效果，且高于武汉。主要是因为北京和约克区的建筑物分布规则，尤其是约克区，异源数据精度较高，且 1:1 占比较高，仅少部分数据存在较大差异。

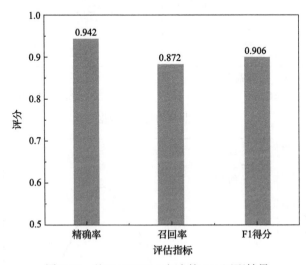

图 7-10　基于 OCSVM 方法的 1:1 匹配结果

表 7-4　北京和约克区实验匹配结果

地区	匹配数据	TP	FP	FN	精确率	召回率	F1 得分
北京	高德和 OSM	1347	71	132	0.950	0.911	0.930
约克区	ODB 和 OSM	2329	67	102	0.972	0.958	0.965

注：TP 为真阳性，FP 为假阳性，FN 为假阴性。

北京和约克区的数据示例如图 7-11 所示，选取了其中具有代表性和普遍性的示例。图 7-11(a)显示出北京数据 1:1 匹配关系的建筑物重叠度较高，且建筑物大部分呈规则网格状分布，因此 1:1 匹配精度较武汉有所上升；另外，图 7-11(b)显示出约克区的建筑物分布相较武汉、北京更为稀疏，其建筑物大部分呈线性和网格状规则分布，因此其匹配精确率和召回率最高。

为了更直观地说明武汉、北京和约克区的数据差异情况，拟合验证样本的综合相似性曲线代表总体数据的差异情况。从验证样本中分别随机选取 1000 对，计算每个样本即匹配对的相似性，并对每个特征相似性进行加权平均，综合相似性区间为[0,1]，然后以综合相似度为横坐标、分布数量为纵坐标绘制数据分布曲线。如图 7-12 所示，约克区的验证数据综合相似度较高，同名建筑物几何精度最高。

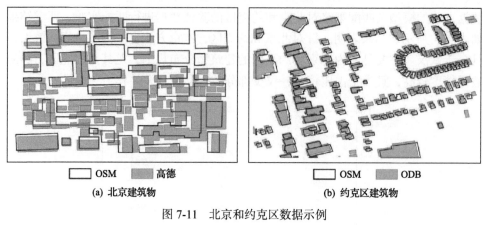

(a) 北京建筑物　　　　　　　　(b) 约克区建筑物

图 7-11　北京和约克区数据示例

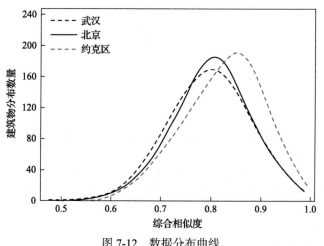

图 7-12　数据分布曲线

3. 对比实验

为了说明所提出方法的优缺点，本节通过使用相同的数据集，将所提出的方法与加权平均[136]、SVM[137]、文献[138]（决策树）（表 7-5）的方法进行比较，实验匹配结果见表 7-6。OCSVM 在建筑匹配关系识别方面取得了更好的性能。相比之下，对于几何偏差较大或分布密集的建筑物足迹，其他方法会产生更多错误和遗漏的匹配。主要原因是所提出的方法考虑到匹配建筑物的几何特征和上下文信息的偏差且单类分类方法学习的特征分布较好地适应验证数据。相比之下，加权平均方法无法有效识别几何偏差较大的建筑物数据。阈值的主观设置也会影响匹配结果。基于决策树的方法仅使用重叠和几何特征来区分匹配类型，容易产生漏匹配。训练 SVM 分类器需要足够多的正负样本，而缺少合理且足够的负样本会导致分类模型的识别偏差。

表 7-5　对比方法描述

方法	描述
加权平均	将本节方法的分类模型替换成加权平均，严格分类阈值为 0.5，松弛分类阈值为 0.3
决策树	文献[138]的决策树识别新旧居民地变化分析
SVM	将本节方法的分类模型替换成 SVM，在样本库中随机选取负样本作为训练数据

表 7-6　不同模型实验匹配结果

方法	TP	FP	FN	精确率	召回率	F1 得分
加权平均	1101	218	262	0.835	0.808	0.821
决策树	1105	84	258	0.929	0.811	0.865
SVM	1149	132	214	0.897	0.843	0.869
OCSVM	1188	73	175	0.942	0.872	0.905

　　具体来说，基于加权平均的方法，由于人为设置权重和阈值具有主观性，不能考虑建筑物的局部异常，这可能导致遗漏。例如，稀疏区域的匹配对 $(b_1 : g_1)$、$(b_2 : g_2)$、$(b_3 : g_3)$（图 7-13（a））和密集区域的匹配对 $(b_1 : g_1)$、$(b_{13} : g_{13})$（图 7-14（d））

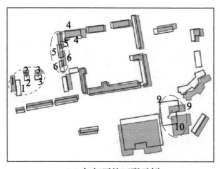

(a) 加权平均匹配示例

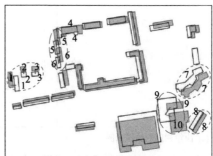

(b) 决策树匹配示例

(c) SVM匹配示例

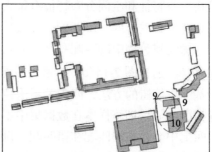

(d) OCSVM匹配示例

数据集B

数据集G

漏匹配

错匹配

匹配连接

图 7-13　稀疏分布建筑物匹配示例

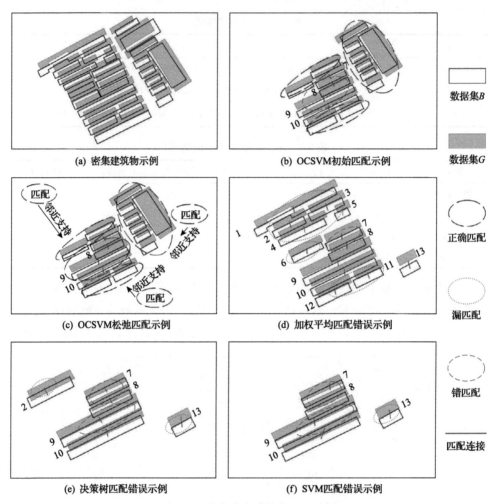

图 7-14　密集分布建筑物匹配示例

由于建筑物自身特征和空间分布特征有很大差异而被遗漏。此外，加权平均方法容易忽略具有位置差异的 1:1 匹配，导致具有高相似性但非 1:1 匹配对的错误匹配。例如，稀疏建筑物中的匹配对 $(b_5 : g_6)$、$(b_9 : g_{10})$（图 7-13 (a)）和密集建筑物中的匹配对 $(b_7 : g_8)$（图 7-14 (d)）被错误匹配为 1:1。

对于基于决策树的方法，匹配关系构建是由重叠决定的，这取决于被匹配数据的位置精度。如果训练样本在数据集中不具有代表性或数据集特征差异不具有一致性，匹配中会存在漏匹配和错匹配。例如，在稀疏区域，由于重叠量小，错失了应匹配的匹配对 $(b_1 : g_1)$、$(b_2 : g_2)$、$(b_3 : g_3)$、$(b_7 : g_7)$ 和 $(b_8 : g_8)$（图 7-13 (b)）。同样的现象也发生在建筑物密集的地区。例如，位置差异导致重叠度低，造成匹配对 $(b_7 : g_7)$ 和 $(b_8 : g_8)$ 没有匹配到，位置差异引起匹配对 $(b_7 : g_8)$ 的错误匹配

(图 7-14(e))。

对于基于 SVM 的方法，需要平衡模型训练的正、负样本，但在选择负样本时，很难合理地为机器学习算法创建包含所有不匹配特征的样本。因此，由于负样本的影响，模型不能很好地训练，这可能导致难以识别存在特征差异的匹配对。例如，在稀疏区域的匹配对 $(b_5 : g_5)$、$(b_6 : g_6)$ 和 $(b_8 : g_8)$ 没有被正确匹配（图 7-13(c)），反而导致匹配对 $(b_5 : g_6)$ 的错误匹配；在密集区域，同样引起了匹配对 $(b_7 : g_8)$ 的错误匹配（图 7-14(f)）。

本节方法设计上下文特征，引入 OCSVM 来识别匹配关系。OCSVM 可以避免局部位置或形状不同、未匹配对特征难以学习的问题。因此，本节方法在所有比较方法中表现出了最好的性能。一些有位置差异的建筑物即使在空间分布密度较高的情况下也能正确匹配。例如，图 7-14(b) 中匹配对 $(b_7 : g_8)$ 的加权相似度虽然比匹配对 $(b_7 : g_7)$ 和 $(b_8 : g_8)$ 的加权相似度都要高，但该方法在松弛匹配阶段（图 7-14(c)）可以将它们分类为独立的匹配对，避免了分布密度大、位置差异大的建筑物出现过度聚合。稀疏建筑物区域只有一个匹配对 $(b_9 : g_{10})$ 被错误匹配为 1∶1，因为它们的位置差异很大，而 b_9 和 g_{10} 在特征上非常相似，导致 g_9 被忽略（图 7-13(d)）。本节提出的方法侧重于匹配要素的特征，避免了基于加权平均方法的过度聚合问题和基于决策树方法的位置偏差而导致的漏匹配问题。此外，OCSVM 仅使用正样本就能很好地训练。总体而言，该方法的性能优于其他方法，达到了预期的匹配精度。

4. 消融实验

为了验证模型中设计的每个度量指标的有效性，对位置、方向、面积、形状、拓扑和上下文度量指标进行消融实验。由于拓扑相似性和上下文相似性需要基于初始匹配结果获取，因此消融实验基于初始匹配结果进行，以保证定量对比。首先使用严格匹配模型获取初始匹配结果，然后使用 6 个单一度量指标和 5 个组合度量指标分别获取松弛匹配模型，最后按照 7.1.3 节中的过程进行实验得到匹配结果。从结果来看（图 7-15），组合度量指标分类模型的性能优于单一度量指标分类模型。位置、方向、面积、形状、拓扑和上下文指标都在识别建筑物的匹配关系中发挥作用，并且随着每个指标的添加，匹配精度也会提高。其中面积的性能最好，其 F1 得分略高于其他度量指标，最小高出 0.007，最大高出 0.1。这是因为当偏移和变形发生时，异源数据中同名实体建筑物表达极大地保留了面积特征。然而，只有单一指标的弱约束会受到相邻建筑物的干扰，难以从候选匹配集中准确地找到相应的同名建筑物。因此，结合多个指标来描述建筑物特征的效果更好。图 7-15(b) 表明，匹配精度随着组合特征的增加而增加，2~6 个组合特征的 F1 得分分别达到 0.784、0.808、0.853、0.877 和 0.906。

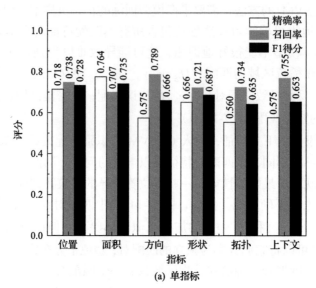

(a) 单指标

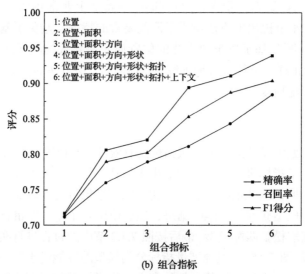

(b) 组合指标

图 7-15　特征消融实验结果

　　本节为了提高对存在特征差异的 1∶1 匹配关系的识别，将几何指标和空间关系指标结合起来作为松弛匹配模型的训练数据。为了验证松弛匹配的必要性，使用两个模型(由几何特征训练的严格匹配分类模型，称为 model1，同时由几何特征和空间关系特征训练的松弛匹配分类模型，称为 model2)的组合，为验证数据集设计了两种策略(model1 + model1 和 model1 + model2)。从结果来看，策略 1

的精确率、召回率和 F1 得分都低于策略 2(图 7-16)。在松弛匹配中使用 model2 提高了 1:1 匹配的召回率 6.9%,因为空间上下文信息可以进一步增强对具有位置偏差的匹配对的识别,使得 model2 可以有效地识别出一些被模型 1 遗漏的 1:1 匹配对。

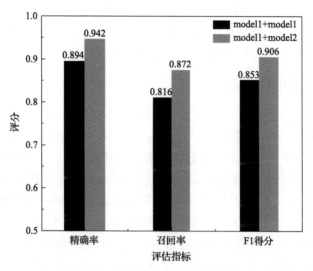

图 7-16　两种策略的 1:1 匹配评估

7.2　基于面要素对齐的复杂建筑物匹配

异源矢量建筑物数据在几何、属性、空间分布和现势性等方面具有不同层次的精度。如果直接利用双向面积重叠技术或特征加权法识别潜在匹配对,易造成错匹配(过度聚合)和漏匹配。因为这些方法虽然耗时少,但忽略了数据的局部变形和位置差异,指标阈值和权重设置的主观性也会影响建筑物匹配的准确性,导致匹配精确率和召回率较低。另外,对于基于学习的匹配方法,待匹配建筑物的精度不高会导致其特征偏离样本的整体分布,从而无法被分类模型正确识别。

考虑到匹配数据的精度对多对多匹配的限制,本节引入地图对齐策略作为匹配数据的前置处理,利用形状特征寻找锚点建筑物,然后对齐局部建筑物,减少异源数据的位置差异。在 7.1 节简单建筑物匹配基础上,提出基于面要素对齐的复杂建筑物匹配方法,充分考虑到 1:1 和非 1:1 匹配的不同特征,完成对建筑物简单匹配关系和复杂匹配关系的识别。本节重点研究复杂建筑物匹配,包括以下内容。

(1)面要素对齐。通过路网、类 Voronoi 图、一对一匹配结果共同作为分割边界，将区域分割为数个闭合域，再利用建筑物形状相似性、形状复杂度和分类结果的决策距离求得闭合域内的控制多边形（地标建筑物），将地标的偏移方向和距离作为闭合域内偏移要素的对齐依据，对区域内存在整体偏差的数据进行对齐。

（2）复杂建筑物匹配。首先获取 7.1 节的严格匹配模型和松弛匹配模型，将未匹配建筑物作为实验数据；然后穷举候选要素集并使用 Concave Hull 合并算法将候选匹配建筑物合并为单一建筑，将多对多匹配转化为一对一匹配；最后使用严格匹配模型和松弛匹配模型对待匹配建筑物相似性特征进行分类，得到匹配结果。

7.2.1　多对多匹配中的难点分析

建筑物匹配关系有简单匹配关系（1:1）和复杂匹配关系 $M:N$（$N=1$ 或 $M=1$ 或（$N \neq 1$ 且 $M \neq 1$）），复杂匹配在本节也称为多对多匹配。相比于简单匹配关系，建筑物匹配中的 $M:N$ 关系的识别是最复杂的，尤其是 $N \neq 1$ 且 $M \neq 1$ 对应关系的识别。其主要原因是，参考数据集和目标数据集的候选匹配集筛选相较于简单匹配的单个建筑物更为复杂，容易产生多选和漏选的现象，如图 7-17 所示，多对多匹配（$b_{11}, b_{12} : g_{14} \sim g_{21}$）的 g_{21} 在区域重叠法、MBR 法或缓冲区法（半径 ≤ 15m）筛选候选匹配集中均被遗漏，这些方法不能适应位置发生明显偏移的建筑物匹配问题；其次，为方便计算特征值，$M:N$ 常被聚合为单一要素，特征值的计算结果受聚合方法的影响较大，常用的凸包法和 MBR 替代法聚合结果与原建筑物特征相差较大，尤其是重要的面积和形状特征。如图 7-17 所示，制图综合等原因导致多对多匹配（$b_{11}, b_{12} : g_{14} \sim g_{21}$）形状非常复杂，其边界轮廓的矩形度、凸度、凹度等形状指标[105]数值远高于简单建筑物。

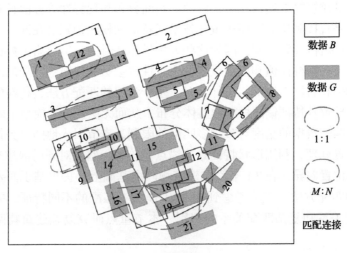

图 7-17　复杂匹配关系示例

常用的双向面积重叠技术或特征加权法未考虑数据的局部变形和位置差异，识别潜在匹配对时易造成错匹配(过度聚合)和漏匹配，如图 7-17 所示的多对多匹配$(b_{11}, b_{12} : g_{14} \sim g_{21})$会过度聚合$(b_9, b_{10}, g_{11})$并且遗漏$(g_{20}, g_{21})$建筑物。同时，指标阈值和权重的设置具有一定的主观性，会影响面实体匹配的精度。因此，在建筑物匹配中，$M : N$匹配是一个难点问题。

沿用 7.1 节的严格匹配方法和松弛匹配方法识别复杂建筑物的匹配关系，下面将详细说明匹配方法和过程。

7.2.2　基于控制多边形的面要素对齐

在建筑物匹配过程中，当不同数据集中的相同对象具有不同的位置和形状时，地图对齐是必要的，以尽量减少这些几何不一致情况，以实现地图匹配与集成[139]。早期有学者研究以节点来对齐建筑物的方案，例如，通过检测共轭点对的方法实现匹配相应多边形的轮廓，最终对齐两个多边形数据集[139]。为解决基于点的位置评估方法的特征问题，通过遗传算法处理元素间相似性度量来实现多边形到多边形匹配(元素间匹配)后，基于其转向函数变化实现点对点匹配(元素内匹配)[140]。针对无地理参考的历史地图，一种用于对齐不同历史地图中地理实体的自动工作流程被提出。首先，它根据某些实体上可用的文本标签识别匹配对；然后，使用匹配的实体对识别控制点，计算实体之间的相似度；最后，根据这些相似度确定对齐要素[141]。地图对齐的任务与本章主题建筑物数据匹配非常相似，可以作为前置流程提高待匹配建筑物位置精度，优化$M : N$匹配。

而且建筑物群组的分布具有多样化的几何结构模式，从整体的角度看，模式群内的建筑物呈现出规律性的直线分布；从局部的角度看，模式群内的建筑物则具有相似的特征，包括形状、朝向和尺寸等方面，整体的同质性和局部的异质性在建筑物模式中普遍存在[142]。如图 7-18 所示，地图中的建筑物分布从整体结构和局部结构视角均呈不同程度的线性分布。

因此，对于存在局部整体误差的待匹配要素集，可以基于地标思想实现局部要素的整体对齐。考虑到建筑物群组一般具有线性模式特征，尤其是匹配度较高的 1:1 匹配。本节依据建筑物群组线性模式，在简单建筑物匹配(1:1)的基础上，结合路网、类 Voronoi 图分割路网内群组为小区域，并求得区域内控制多边形(地标建筑物)，将控制多边形的偏移方向和距离作为闭合域内偏移要素的对齐依据，对区域内存在整体偏差的数据进行对齐。地图对齐过程如下。

(1)在简单建筑物匹配结果的基础上，划分已匹配和未匹配数据集，利用层次聚类方法将已匹配建筑物进行聚类，结合路网约束划分闭合域。

(2)利用形状相似性、形状复杂度和决策函数值计算建筑物重要性，依据控制多边形对齐闭合域内的建筑物群组。

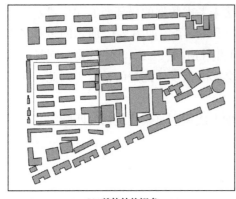
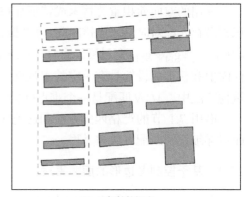

(a) 整体结构视角　　　　　　　　　　　　　　　(b) 局部结构视角

图 7-18　建筑物群组的空间分布示意图

1. 匹配建筑物群组的层次聚类

识别建筑物群组是分割闭合域的前提条件，目的是获取群组中心和方向并依此生成内边界，结合路网和类 Voronoi 图边界将大区域内的待匹配建筑物（大部分为 $M:N$）分割为小区域，然后将区域内的建筑物进行对齐处理，提高位置精度。不同于为了建筑物群组模式识别的建筑物聚类，本节使用建筑物聚类着重于利用某类的建筑物质心连接生成内边界，需要对区域内离散分布的建筑物进行粗聚类，因此引入空间聚类方法进行建筑物聚集性特征分析。空间聚类可以基于距离、形态或属性等特征，将未标记的空间实体进行分组，来发现建筑物数据在空间上的内在结构，挖掘更深层次的建筑物空间分布规律[143]。

在建筑物聚类中，聚类方法主要包括划分策略[144]、分裂策略[145]、聚合策略等[143]，常用的距离度量包括面要素之间的最短距离、质心距离和邻近距离等[146]。由于建筑物在形状、尺寸和分布方面不尽相同，需要针对待解决的问题选择合适的建筑物聚类算法。为了将已匹配建筑物以类线性方式聚类，获取聚类中心和方向，本节采用层次聚类算法和建筑物间最短距离对建筑物进行聚类，将区域内已匹配建筑物划分成多个类线性分布的群组。层次聚类算法的聚类流程如图 7-19 所示，本节采用凝聚型层次聚类算法。

"自底向上"是凝聚型层次聚类的合并过程，该算法将数据点逐渐合并成越来越大的组，形成一个树形结构，其算法步骤如下。

(1) 将每个样本视为一个独立的类别。

(2) 计算样本之间的相似性，将最相似的样本合并为一类。

(3) 设置算法结束条件，若需要继续合并，则转 (2)，否则转 (4)。

(4) 算法结束。

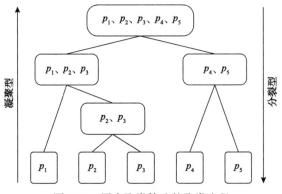

图 7-19　层次聚类算法的聚类流程

层次聚类中，类间距离是一个重要的参数，用于衡量两个不同聚类之间的相似度。类间距计算方式通常有以下三种：单连接距离、全连接距离及平均连接距离。单连接距离是指计算两个簇之间最近的两个样本点之间的距离，即最短距离，通常用于线状分布的聚类。考虑到地图中建筑物呈线性分布的特点，本节采用单连接距离作为类间距离度量方式，聚类方向为"自底向上"。用 C_1 和 C_2 来表示任意两个子类，用 $d(p_1, p_2)$ 来表示 C_1 和 C_2 中任意两个对象的欧几里得距离，则类间距离 $D(C_1, C_2)$ 可用式 (7.13) 计算。其中 σ_{dis} 为分类结束条件，本节设置区域内建筑物欧几里得距离的中位数作为距离阈值。其表达式为

$$
\begin{cases}
D(C_1, C_2) = \min\limits_{p_1 \in C_1, p_2 \in C_2} d(p_1, p_2) \\
d(x, y) = \sqrt{(x_1 - x_2)^2 + (y_1 - y_2)^2} \\
D(C_1, C_2) > \sigma_{\text{dis}}
\end{cases} \tag{7.13}
$$

其示意图如图 7-20 所示。

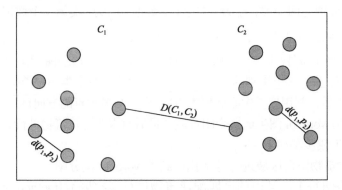

图 7-20　距离计算示意图

　　因此, 本节利用上述层次聚类算法, 连接方法参数设置为最小欧几里得距离, 簇间距离设置为单连接距离。因为已匹配建筑物(图 7-21)的分布相较未匹配建筑物更为稀疏, 其聚类阈值的选择容错率更高, 所以本节选择已匹配 1:1 作为待聚类建筑物, 其聚类流程如下。

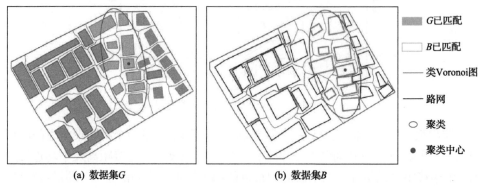

<table>
<tr><td></td><td>G已匹配</td></tr>
<tr><td></td><td>B已匹配</td></tr>
<tr><td></td><td>类Voronoi图</td></tr>
<tr><td></td><td>路网</td></tr>
<tr><td>○</td><td>聚类</td></tr>
<tr><td>●</td><td>聚类中心</td></tr>
</table>

(a) 数据集G　　　　　(b) 数据集B

图 7-21　建筑物聚类

　　(1) 计算相似度(距离): 计算各建筑物之间的欧几里得距离作为相似性系数。计算同类建筑物 b_i 和 b_j 的间距为

$$d_{ij} = \sqrt{\left(x_i - x_j\right)^2 + \left(y_i - y_j\right)^2} \tag{7.14}$$

　　由欧几里得距离公式(7.14)计算建筑物间最小距离, 即可得到建筑物的距离矩阵 D_{ij}, 将距离最小的数据组合为同一类, 再计算此类(群组)与其他建筑物的距离。计算不同类建筑物的间距为

$$L(r,s) = \min D\left(x_{ri}, x_{sj}\right), \quad i \in r \text{ 且 } j \in s \tag{7.15}$$

其中, r 和 s 分别为两个类; x_{ri} 为 r 类第 i 个数据; x_{sj} 为 s 类第 j 个数据; $D\left(x_{ri}, x_{sj}\right)$ 为 x_{ri} 和 x_{sj} 的欧几里得距离; $\min$ 为最小值函数。

　　(2) 设置终止条件(本节设置阈值为 $\mathrm{Median}\left(D_{ij}\right)$), 当类间距离均大于终止条件时, 聚类结束, 获得多个类别的建筑物群组, 然后获取每个类的聚类中心(图 7-21)。如图 7-22 所示, 利用聚类中心和聚类方向(中心与最远点的方向)可生成内边界, 结合路网、类 Voronoi 图生成多个闭合域, 最后对未匹配建筑物进行分割。

　　内边界生成步骤如下。

　　(1) 将建筑物空白区域进行骨架化得到类 Voronoi 剖分图。

　　(2) 对路网每个区域内的已匹配建筑物进行层次聚类(method = 'single', metric = 'euclidean'), 获得聚类中心和聚类方向。

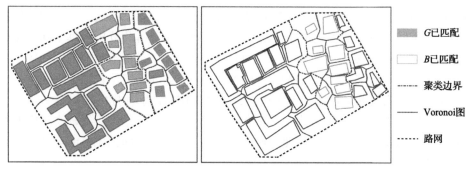

图 7-22　内边界生成

(3)以聚类中心为起始点，依据聚类方向沿类 Voronoi 图，融合已匹配建筑物所在的类 Voronoi 图，进行边界合并。

(4)若此类别没有已匹配建筑物所在的类 Voronoi 图可以被融合，则判断是否邻接其他类别，若有则继续融合，若无则沿方向融合，直至与外边界(路网)相接闭合或生成内环。

2. 控制多边形获取与对齐

控制多边形定义为在形状相似性、形状复杂度和总体匹配度方面最高的且具有代表性的多边形。此外，控制多边形通常是视觉上最重要的信息，是复杂的和相似的(如图 7-23 中的 $(b_1:g_1)$ 和 $(b_2:g_2)$)。将控制多边形作为参考，是对齐其他建筑物的重要依据。

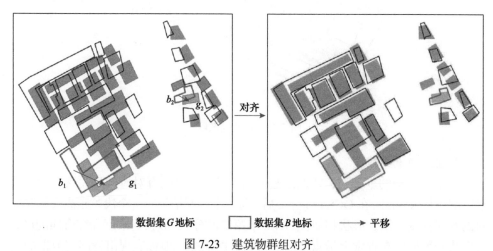

图 7-23　建筑物群组对齐

1)形状复杂度

通常，地标是标志性建筑物或其他容易被观察到的空间实体[147]，本节主要利用地标在整体数据中的参照性。根据视觉认知理论，形状是描述空间要素几何特征的重要手段，精细地表达了要素的轮廓和边界，是理解和分析地理空间现象的重要依据[148]。形状复杂度在形状度量中起重要的作用，是衡量对象空间结构复杂性的重要指标。在偏差较大的数据中形状复杂度能够准确定位数据，因此本节引入形状复杂度的概念来描述一个多边形，并将其作为识别地标的指标之一。

外接矩形对沿建筑物多边形边界的突起过于敏感，这可能会导致多边形的 MABR 的大小显著增加，因此使用原多边形与 MABR 的面积比可能会产生误导性的形状值[105]。

因此，本节采用等面积矩形周长比[105]（equivalent rectangular index，ERI）来计算形状复杂度 Shape_complexity。ERI 通过缩放 MABR 直到其面积等于多边形的面积。计算方法为

$$\text{Shape\_complexity} = \frac{P_{\text{EAR}}}{P_{\text{R}}} = \sqrt{\frac{A_{\text{R}}}{A_{\text{MABR}}}} \times \frac{P_{\text{MABR}}}{P_{\text{R}}} \tag{7.16}$$

ERI 是用多边形等面积矩形（equal-area rectangle，EAR）周长 P_{EAR} 与多边形本身周长 P_{R} 的比值计算的（图 7-24）。EAR 是通过沿其长度和宽度等量缩放原始 MABR 来创建的，其中 P_{MABR} 是 MABR 的周长。最后，ERI 用式（7.16）计算。

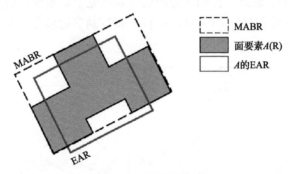

图 7-24　形状复杂度

2）建筑物重要性

在 1:1 匹配的基础上，待匹配数据和参考数据之间有对应匹配关系，无论是已匹配还是未匹配，在 OCSVM 分类后，每一个匹配结果有一个决策距离表示匹配对的匹配程度。结合形状相似性（7.1.2 节第二部分）、形状复杂度和综合匹配度，可以找到数据中在视觉上最重要的建筑物，即地标，地标表现出待匹配数据的偏移程度。根据形状相似性、形状复杂度和匹配度计算"建筑物重要性"，如式（7.17）所示：

$$\mathrm{LM} = S \times C \times M = \begin{bmatrix} l_{11} & l_{12} & \cdots & l_{1n} \\ l_{21} & l_{22} & \cdots & l_{2n} \\ \vdots & \vdots & & \vdots \\ l_{m1} & l_{m2} & \cdots & l_{mn} \end{bmatrix} \tag{7.17}$$

其中，S 为形状相似性；C 为形状复杂度；M 为决策函数矩阵；l_{mn} 为建筑物重要性。M 的函数值为 $m_{b,g} = \begin{cases} 1 - f(x_{h,k}), & f \geqslant 0 \\ f(x_{h,k}), & f < 0 \end{cases}$，其中 $f(x_{h,k})$ 是决策函数值的归一化值 d_f，$d_f \in [-1,1]$。

依据控制多边形的位置精度，整个区域的数据以控制多边形平移变量(式(7.18))为准，实现整体平移、对齐。如图 7-23(左)所示，$(b_1 : g_1)$ 和 $(b_2 : g_2)$ 分别为两个群组的控制多边形匹配对，箭头为平移方向，变换后如图 7-23(右)所示，其位置精度明显提高，尤其对密集分布且高度交叠的建筑物提升效果更明显。

$$\begin{bmatrix} x_1 \\ y_1 \\ 1 \end{bmatrix} = \begin{bmatrix} 1 & 0 & \Delta x \\ 0 & 1 & \Delta y \\ 0 & 0 & 1 \end{bmatrix} \begin{bmatrix} x_0 \\ y_0 \\ 1 \end{bmatrix} \tag{7.18}$$

其中，$\begin{bmatrix} 1 & 0 & \Delta x \\ 0 & 1 & \Delta y \\ 0 & 0 & 1 \end{bmatrix}$ 为平移变换矩阵(因子)；Δx 和 Δy 为平移量。

7.2.3　复杂建筑物匹配流程设计

本节复杂建筑物匹配策略共包括 4 部分，分别为数据准备、面要素对齐、复杂建筑物候选匹配集获取和复杂建筑物匹配。技术路线如图 7-25 所示，下面说明详细步骤。

1. 数据准备

异源数据经简单匹配后，其中误差不大的 1:1 匹配关系大部分被正确识别，本节将简单建筑物匹配结果分为已匹配 1:1 建筑物和未匹配建筑物，假定已匹配数据集 $B_m = \{b_1, b_2, \cdots, b_i\}$ 和 $G_m = \{g_1, g_2, \cdots, g_j\}$，未匹配数据集 $B_n = \{b_1, b_2, \cdots, b_i\}$ 和 $G_n = \{g_1, g_2, \cdots, g_j\}$。

2. 面要素对齐

首先获取每个路网闭合域的建筑物匹配结果，利用层次聚类算法(method =

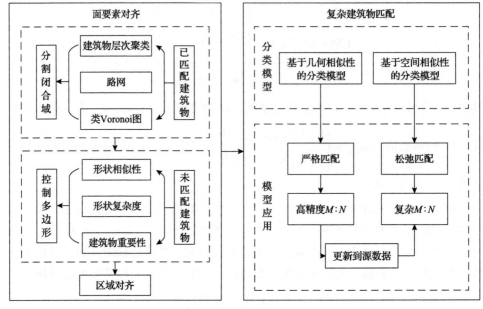

图 7-25　技术流程

'single', metric = 'euclidean' ）对已匹配数据集 B_m 和 G_m 进行聚类分析，获取聚类结果 $B_{mc} = \{b_{1c}, b_{2c}, \cdots, b_{ic}\}$ 和 $G_{mc} = \{g_{1c}, g_{2c}, \cdots, g_{jc}\}$，利用 B_{mc} 和 G_{mc} 的各个聚类中心和聚类方向，结合类 Voronoi 图生成边界。然后内边界结合路网将未匹配建筑物分割成多个群组，利用形状相似性、形状复杂度和综合匹配度指标获得群组的控制多边形，依据控制多边形的平移变换参数对齐建筑物群组，实现位置精度的提升。

3. 复杂建筑物候选匹配集获取

1）候选匹配集获取

使用拓扑相交方法及空间邻近关系获得候选匹配集。首先将异源数据叠加获取候选匹配集，再生成建筑物群组的 Delaunay 三角网，以获取邻近候选匹配集，以图 7-26 为例说明获取方法。图 7-26（c）显示了数据集 B 和数据集 G 的叠加情况，以 g_{15} 在数据集 B 中查找候选匹配集为例。数据叠加后，g_{15} 与数据集 B 相交得到待匹配候选 $(g_{15} : b_{11}, b_{12})$（图7-26（a）黑虚线）；然后在数据集 G 中查找 (b_{11}, b_{12}) 的相交候选有 $(g_9 \sim g_{11}, g_{14} \sim g_{20})$（图 7-26（b）黑虚线），此时有待匹配候选 $(g_9 \sim g_{11}, g_{14} \sim g_{20} : b_{11}, b_{12})$；最后在数据集 G 和数据集 B 中查找邻近候选分别有 $(g_3, g_5, g_7, g_8, g_{21})$、$(g_3, g_5, g_7, g_8, g_{21})$ 和 $(b_3, b_5, b_7 \sim b_{10})$（图7-26 箭头），此时有待匹配候选 $(g_3, g_5, g_7 \sim g_{11}, g_{14} \sim g_{21} : b_3, b_5, b_7 \sim b_{12})$。

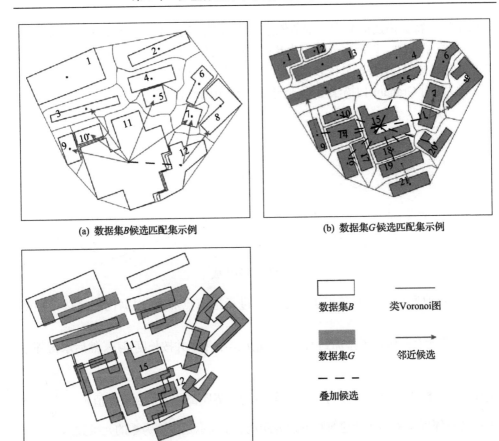

(a) 数据集B候选匹配集示例

(b) 数据集G候选匹配集示例

(c) 待匹配数据叠加展示

图 7-26 候选匹配集获取

  获取全部候选匹配集后，在邻近关系的约束下对候选建筑物进行穷举组合，保证考虑到所有的匹配情况，相比简单的穷举组合，约束下的穷举减少了很多不合理的情况，降低了算法的复杂度。例如，待匹配候选 $(g_3, g_5, g_{7\sim11}, g_{14\sim21} : b_3, b_5, b_{7\sim12})$ 的匹配对可能有 $(g_9 : b_{11}, b_{12})$、$(g_9, g_{10} : b_{11}, b_{12})$、$(g_9, g_{10}, g_{14} : b_{11}, b_{12})$ 等，也排除了 $(g_9, g_{11} : b_{11}, b_{12})$ 等违背邻近关系的可能性。$M:N$ 匹配对的两个建筑物（群组）可以分别聚合为单个要素，转化为 1:1 匹配，方便特征指标的计算。下面将介绍 Concave Hull 合并算法。

  2) Concave Hull 合并算法

  合并是制图综合算子之一，在地图多尺度表达的任务中，将邻近的多个地物合并成一个地物，是建筑物典型化的一个重要环节[149]。不同于普通多边形，建筑物多边形的边界主要由垂直线段构成，其转角大多是垂直角，因此合并时应考虑其外边界的直角化特点[150]。而凸包合并算法的精度受限，对群组的边缘不敏感，这降低了形状特征描述的能力。本节依据建筑物群组边界直角化特征对凸包演变算法[151]进行了改动，以凸包外轮廓为基础向内逐层逼近，使用变化的长度阈值从而使其适用性更强，生成贴合度较高且矩形度几乎一致的图形轮廓。其具体步骤如下。

（1）利用 Graham 扫描法[152]生成建筑物群组的凸包（图 7-27）。

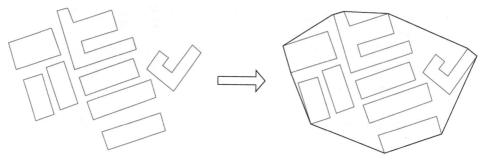

图 7-27　凸包生成

（2）获取原始图形的顶点坐标序列，进行边节点加密（根据比例尺选择加密步长）。

（3）将所有凸包边界添加到列表 $L = \{l_1, l_2, \cdots, l_n\}$ 中并按长度排序，然后求得邻近边界距离矩阵 $M = A \times D$（A 为邻接矩阵，D 为边界距离矩阵），长度阈值 $r = \dfrac{\sum\limits_{i=1}^{n} d_i}{n}$（$d_i$ 表示具有邻近关系的两个建筑物的边界距离，n 表示矩阵不为零的元素数）。

（4）遍历边列表，若长度大于长度阈值 r，则删除此边。判断边的两个端点情况：若在同一图形中，且不是邻近点关系，则搜索原图形对应凹点，插入端点中间；若不在同一图形中，则进入（5）。

（5）然后搜索所有的点，选择最佳候选点，插入（4）中被删除边的端点之间；对这些点的搜索条件是，新点到旧边端点的最大角度应尽可能小（外角大于等于 90°，结束新边构建过程）。

（6）如果凹包仍然是一个多边形，那么在新点和旧边上点之间的两条新边将更新到原凸包中；如果凹包不是一个多边形，恢复删除的这条边，更新到原凸包中。

（7）重复以上操作，直到列表中所有边的长度都低于长度阈值，生成合并结果（图 7-28）。

4. 复杂建筑物匹配

假定已有简单建筑物匹配结果：已匹配 $Y = \{B_m, G_m\}$ 和未匹配 $N = \{B_n, G_n\}$，使用 7.2.3 节介绍的方法构建候选匹配集，根据 7.1.2 节第二部分的公式计算候选匹配集的几何相似性、拓扑相似性和上下文相似性。然后采用 7.1.3 节得到的严格

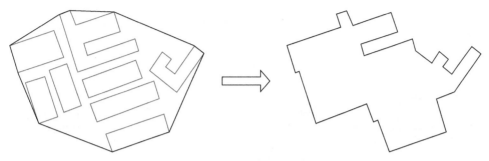

图 7-28　建筑物合并

匹配模型和松弛匹配模型对复杂建筑物进行匹配。具体步骤如下。

（1）严格匹配关系预测：将严格匹配模型预测的已匹配结果作为高精度的 $1:N$、$M:1$、$M:N$ 匹配关系，也称为初始匹配 C_2。首先，从参考数据集 B_n 和目标数据集 G_n 中选取拟匹配的样本，获取候选匹配对，并对 M 和 N 的建筑物群组执行 Concave Hull 合并。然后，通过训练好的严格匹配关系识别模型对候选匹配的相似性进行预测，输出匹配结果。

（2）松弛匹配关系预测：基于初始匹配结果进行松弛匹配，优化初始匹配结果，实现精度不高的 $1:1$、$1:N$、$M:1$、$M:N$ 的匹配关系识别。首先通过训练好的松弛匹配关系识别模型，对候选匹配对的几何相似性、拓扑相似性和上下文相似性进行预测，其拓扑信息和上下文信息是使用简单建筑物匹配结果 Y 和严格匹配关系预测中得到的初始匹配结果 C_2 作为锚点来计算的。确定匹配关系后，将聚合后的匹配对更新到原始数据中，为余下的匹配提供上下文信息。依次迭代，直至遍历完所有要素，最终得到包含所有匹配关系的匹配结果。

7.2.4　实验与结果分析

1. 实验数据

以湖北省武汉市江汉区部分区域作为研究区域，选取百度市区一级路网数据、建筑物数据和高德建筑物数据作为验证数据，分别包含 3471 个和 4309 个建筑物对象。其中，无填充多边形是已匹配建筑物，为简单建筑物匹配的 1:1 匹配结果（图 7-29（b））；填充多边形是未匹配建筑物，为本节将要进行匹配关系识别的复杂建筑物，包含百度数据 2283 个建筑物，高德数据 3121 个建筑物，大多数为精度不高的 1:1、1:N、M:1、M:N 匹配结果（图 7-29（a））。未匹配建筑物分布包括规则且稀疏的建筑物（图 7-29（c））、复杂且密集的建筑物（图 7-29（d））。

2. 建筑物匹配实验

本节首先进行面要素对齐，然后结合 7.1.3 节得到的严格匹配模型和松弛匹配

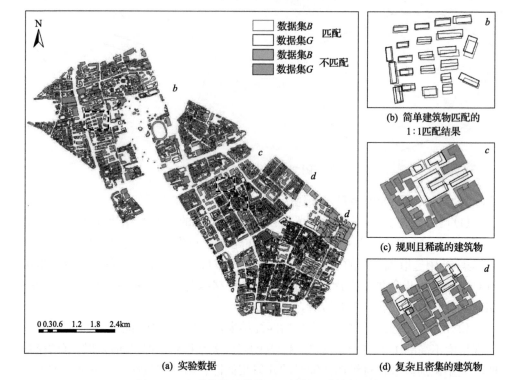

(a) 实验数据

(b) 简单建筑物匹配的 1:1匹配结果

(c) 规则且稀疏的建筑物

(d) 复杂且密集的建筑物

图 7-29　实验数据及简单匹配结果、建筑物对象

模型对复杂建筑物进行匹配。未匹配建筑物作为验证数据，其中高德数据 3121 个建筑物，百度数据 2283 个建筑物 (图 7-29)。首先使用严格匹配关系识别模型预测待匹配数据，得到高精度的 $1:N$、$M:1$、$M:N$ 匹配关系，然后在简单建筑物匹配结果和严格匹配结果的基础上，计算拓扑特征、上下文特征，并结合几何特征作为松弛匹配关系识别模型的验证数据，得到复杂的 $1:1$、$1:N$、$M:1$、$M:N$ 匹配关系。

通过与人工标记结果进行对比评价本节算法的匹配效果。结合简单建筑物匹配 ($1:1$) 的结果统计匹配结果评估如图 7-30 所示。从结果来看，整个验证数据集的 F1 得分为 0.931，其精确率和召回率为 0.948、0.914。本节方法可以有效解决复杂建筑物的匹配问题。

其中 $1:N$、$M:1$、$M:N$ 匹配关系识别精确率均高于 0.9 (图 7-31)，本节方法可以有效解决非 $1:1$ 的匹配问题。具体而言，$1:N$ 匹配关系的性能最好，其次是 $M:1$ 和 $M:N$。通常 $M:N$ 的匹配关系较难识别，但实验依然得到较为理想的结果。主要原因是通过对齐操作减少建筑物的位置偏差，同时针对高精度和低精度、简单建筑物和复杂建筑物使用严格和松弛的分层次匹配策略，能够在精准识别 $1:1$

匹配关系的同时，考虑到差异大且关系复杂的 $M:N$ 匹配。而且 Concave Hull 算法在合并的时候能最大限度地保留原建筑物的特征，因此非 1:1 匹配关系识别的效果较好。

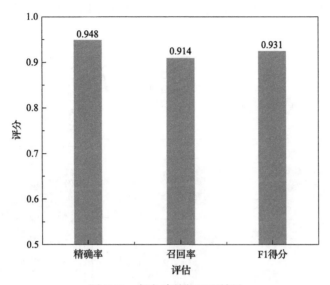

图 7-30　复杂建筑物匹配结果

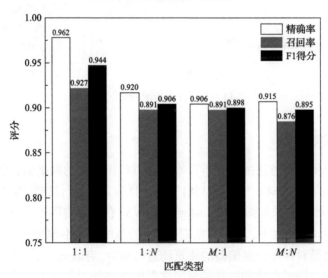

图 7-31　$M:N$ 匹配情况

　　为了直观定性说明方法的有效性，实验选取的部分建筑物数据不仅有规则分布的矩形状稀疏和密集建筑物群组 (图 7-32(a))，还包括建筑物之间间隔较小的不规则分布区域 (图 7-32(c)) 以及呈分散式分布的稀疏建筑物群组 (图 7-32(b))。从结果来看，大部分建筑物均正确匹配，在总体上取得了较好的匹配效果，其中错误匹配常在类似城中村的严重遮挡重叠的小而密集建筑物区域发生(蓝色建筑物)，漏匹配常在特征差异较大且无足够上下文支持的稀疏建筑物区域发生(红色建筑物)，占比很少。结果证明该方法能适用于不同分布模式下的建筑物群组数据。

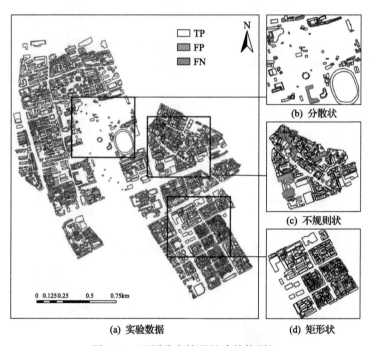

(a) 实验数据　　　　　　　　(d) 矩形状

图 7-32　不同分布情况的建筑物群组

3. 对比实验

为了说明所提出方法的优缺点，本节通过使用相同的数据集，将所提出的方法与加权平均[136]、SVM[137]、文献[138](决策树)的方法进行比较，方法描述见 7.1.4 节第三部分，评估结果见图 7-33。Align-OCSVM 在建筑物匹配关系识别方面取得了更好的性能。相比之下，其他方法对 $M:N$ 的匹配效果不理想。主要原因是本节依据控制多边形对存在位置偏差的建筑物进行对齐，有效减少了 $M:N$ 匹配中边缘位置的漏匹配。同时严格和松弛的分层次匹配策略能以数据中的简单建筑物和高精度匹配作为锚点，为复杂匹配提供空间信息。而且 Concave Hull 算法在合并时能最大限度地保留原建筑物的特征，因此对存在位置差异和其他特征差异的 $M:N$ 匹配关系的识别效果较好。

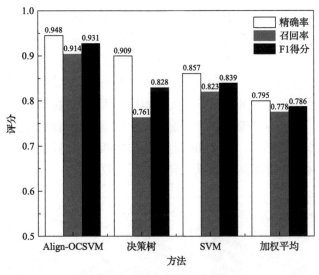

图 7-33　对比实验评估结果

　　相比之下，针对复杂建筑物匹配，基于决策树的方法仅使用重叠和几何特征来区分匹配类型，容易产生漏匹配，也不能分辨出由于位置差异的交叉重叠情况，从而造成过度聚合。加权平均方法严格阈值和松弛阈值的主观设置无法适应不同特征的差异，难以识别几何偏差较大的 $M{:}N$ 匹配关系。训练 SVM 分类器需要足够多的正负样本，而缺少合理且足够的负样本会导致不正确的匹配识别，尤其是存在位置差异的 $M{:}N$ 复杂匹配。

　　具体来说，基于加权平均的方法，由于人为设置权重与阈值具有主观性，不能考虑数据的局部异常，这导致漏匹配和错匹配。如图 7-34(a) 所示的匹配示例，相似度权重大小错误判断差异下的匹配对 $(b_4 : g_{13})$，漏了 g_{14}。两个 $1{:}N$ 匹配项 $(b_5 : g_{15}, g_{16})$ 和 $(b_6 : g_{17}, g_{18})$ 过度聚合为 $(b_5, b_6 : g_{15}{\sim}g_{18})$。

　　基于决策树的方法，因为通过目标间重叠度差异确定的匹配类型及 $M{:}N$ 为优先级匹配类型，该方法过分依赖要匹配的数据的位置精度。在存在位置异常的数据中会忽略重叠度小的匹配项，且错误判断建筑物的匹配类型而导致过度聚合，错误转化为 $M{:}N$ 匹配。如图 7-34(b) 所示，位置差异导致重叠度不高，也造成 $(b_1 : g_1)$、$(b_{10} : g_{28})$ 的漏匹配。过度聚合 b_3 建筑物生成 (b_2, b_3) 候选集，导致 $(b_2, b_3 : g_2{\sim}g_{11})$ 的错匹配。

　　基于 SVM 的方法，因为合理负样本难以获取的问题，得到的分类模型受负样本的影响不能准确识别匹配要素的特征，导致过度聚合邻近建筑物，容易造成 $M{:}N$ 类型的漏匹配和错匹配。如图 7-34(c) 所示，g_{26} 建筑物应是 (b_8, b_9) 的候选匹配之一，但模型对位置相似度敏感，导致其被遗漏。另外两个 $1{:}N$ 匹配项

$(b_5:g_{15},g_{16})$ 和 $(b_6:g_{17},g_{18})$ 还过度聚合为 $(b_5,b_6:g_{15}\sim g_{18})$。

　　本节使用建筑物对齐策略作为匹配的前置过程，一定程度上解决了位置差异大对匹配的影响，总体效果优于其他方法，达到了理想的匹配精度，仅漏匹配了 1 个匹配项 $(b_{30}:g_{30})$（图 7-34(d)），是由于平移后位置上脱离了建筑物群组，且作为候选建筑物在合并后的特征差异大，本质是因为原数据的位置精度低于理想值。总而言之，本节方法解决了位置偏差导致的漏匹配问题。建筑物对齐策略有效降低了位置差异的影响，严格和松弛的分层次匹配策略结合分类模型能在位置的弱约束下，对重叠度不高的异源建筑物进行有效匹配。

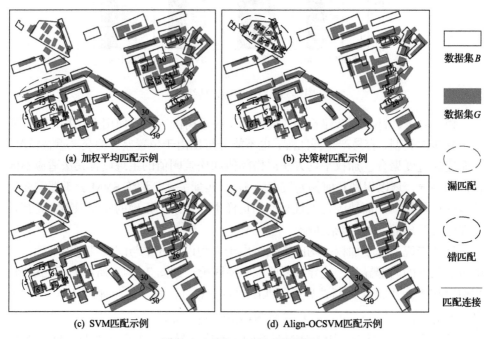

(a) 加权平均匹配示例　　　　　　(b) 决策树匹配示例

(c) SVM匹配示例　　　　　　(d) Align-OCSVM匹配示例

数据集B

数据集G

漏匹配

错匹配

匹配连接

图 7-34　复杂匹配关系识别示例

　　为了验证方法中建筑物对齐模块的有效性，本节使用 OCSVM 方法及 Align-OCSVM 方法实现对复杂建筑物的匹配。对验证数据的匹配结果评估如表 7-7 所示，Align-OCSVM 方法在 1:1、1:N、M:1、M:N 匹配类别的 F1 得分均略高于 OCSVM 方法，F1 得分分别提升了 0.039、0.068、0.103 和 0.117。说明建筑物对齐策略在匹配任务中增强了对位置偏差匹配对的识别，尤其是 M:N 的复杂匹配关系提升效果明显。针对各匹配类型的漏匹配和错匹配如图 7-35 所示，Align-OCSVM 方法的漏匹配、错匹配明显减少。

表 7-7　OCSVM 方法及 Align-OCSVM 方法匹配结果评估

匹配类型	OCSVM			Align-OCSVM		
	精确率	召回率	F1 得分	精确率	召回率	F1 得分
1:1	0.942	0.872	0.905	0.962	0.927	0.944
1:N	0.877	0.803	0.838	0.920	0.891	0.906
M:1	0.838	0.756	0.795	0.906	0.891	0.898
M:N	0.848	0.719	0.778	0.915	0.876	0.895

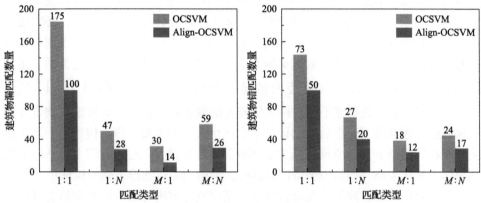

图 7-35　OCSVM 方法及 Align-OCSVM 方法漏匹配和错匹配情况

7.3　基于模式识别的建筑物匹配优化

建筑物群组的空间分布模式识别是指通过对建筑物群组的空间分布特征进行分析和研究，探索其中的规律和模式，并命名该群组呈现出的形状。这一技术在制图综合、多尺度表达和空间数据挖掘等领域广泛应用。模式识别依据建筑物隐含的空间分布特征划分建筑物群组是对建筑物群组的规则约束，而匹配任务中可以通过这种规则约束提前对建筑物进行划分，相较于穷举法，不仅能降低算法的时间复杂度，还能够通过模式识别的规则约束进一步优化匹配结果。本节研究包括以下内容。

（1）建筑物群组模式识别。为了识别建筑物直线模式、曲线模式、网格、规则轮廓模式和不规则模式。首先需要获取建筑物群组的邻近关系；然后提取邻近建筑物特征，计算特征差异度，构成邻近建筑物的视觉距离；接着将视觉距离作为边的权重生成群组的最小生成树（minimal spaming tree，MST），并根据变化率阈值区间对其进行剪枝，将建筑物群组分为各个子簇；最后利用 GCNN 模型对群组进行模式识别，提取有意义的空间分布模式。

(2)建筑物匹配优化。基于简单建筑物的匹配结果，利用模式识别提取 $M:N$ 匹配的候选建筑物群组模式，减少候选集内建筑物的穷举组合合并，且以空间分布模式约束建筑物群组，将存在模式的建筑物群组作为 $M:N$ 关系的匹配单元，优化匹配效率和匹配精度。

7.3.1 匹配效率分析

不同来源的同名建筑物具有 $1:N$、$M:1$、$M:N$ 多种复杂对应关系，意味着生成候选匹配集时需要考虑 M 和 N 个建筑物的组合。为了更好地识别异源建筑物数据的匹配关系，除了依据制图综合原理将非 $1:1$ 匹配转化为 $1:1$ 匹配，还需要在合并前合理地筛选待匹配建筑物群组。常用的筛选方法有枚举法、基于树形结构的特征筛选法等。通过枚举数据集所有的实体或实体集筛选候选匹配关系，虽然思路简单清晰且覆盖所有可能的情况，但是穷举所有情况（共 $2^n - 1 = C_n^1 + C_n^2 + \cdots + C_n^n$）会生成很多不符合格式塔理论的候选匹配情况，如跨建筑物合并违背邻近性、连续性等，在后续的计算中会产生大量的无效工作。构建一个基于建筑物特征的完全 n 叉解空间树减少了部分无效计算量，但是通过多个特征的依次判断作为筛选策略只得到一个待评估匹配，会错误地过滤掉正确的候选集[153]。

以上分析可知，建筑物在进行匹配关系识别之前进行初步匹配和筛选可在一定程度上提高匹配效率与匹配精度，关键在于候选数据集获取算法的设计。因此，提出一种有效的方法提高合并操作的效率是一件有意义的事。提出基于模式识别的建筑物匹配优化方法，事先对邻近建筑物有选择地进行聚类从而减少穷举次数，可以有效提高匹配的效率。因为聚类结果可能不属于 $M:N$ 匹配的范围（建筑簇不属 M，也不属于 N），使用聚类结果作为匹配基本单元会造成错匹配，所以进行建筑物群组模式提取是必要的，可以排除不大可能的建筑物群组，如不规则模式，也可以提取出符合匹配单元的模式，如线性模式。

在制图综合中，空间聚类和邻近图常组合用于生成建筑物群组及建筑物群组内建筑邻近关系。依此，从格式塔理论出发，在匹配任务中，利用拓扑相交及邻近关系获取候选建筑物群组，即候选匹配集；邻近关系是通过 Delaunay 三角网获取建筑物群组的邻近图得到的；计算具有邻近关系建筑物的邻近距离和视觉距离。并依据样本数据设置视觉距离阈值区间，识别所划分子簇的建筑物模式，以存在模式的建筑物群组为匹配单元，优化匹配效率和匹配结果。

在进行建筑物群组模式识别的研究中，学者提出很多关于建筑物模式分类体系。如张新长等[154]将群组模式首先分为规则模式和不规则模式。考虑匹配任务中，视觉感知大都限制在较小的单元区域内，所以从单个建筑物或相邻建筑物组成的建筑物群组的微观角度对建筑物进行模式分类。为了更好地适应匹配任务，识别出匹配数据中的多种规则模式，根据文献[154]的分类体系将群组模式分类为直线模式、曲线模式、网格模式、规则轮廓模式与不规则模式(图 7-36)。待匹配建筑物经过聚类后，从中识别出直线模式、曲线模式、网格模式和规则轮廓模式，尽可能提取出 $M:N$ 匹配的多个待匹配建筑物的模式，以模式为匹配单元来优化匹配过程。

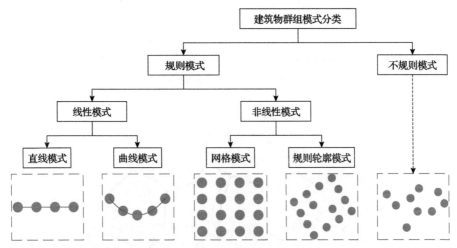

图 7-36　视觉感知角度建筑物群组模式分类

7.3.2　基于 MST 聚类的建筑物群组划分

1. 建筑物邻近关系分析

1)基于 Delaunay 三角网的邻近图构建

尽管拓扑关系能够直观地描述空间对象之间的连接方式，但缺乏直接的距离信息且对连通性要求高，不能精准描述邻近而不邻接的关系。因此，利用约束 Delaunay 三角网获取建筑物邻近关系。

首先由三角形连接确定邻近关系，然后由一阶邻近的建筑物形心点组成的无向图为建筑物群组的邻近图(图 7-37(a))。根据邻近图构建的邻接矩阵 M_{adj} 如图 7-37(b)所示，若建筑物 m 与建筑物 n 一阶邻近，则 $a_{mn}=1$，否则为零。

2)基于特征相似性的视觉距离计算

邻近距离：使用建筑物群组的邻接矩阵和距离矩阵的阿达马积得到邻近距离矩阵，反映邻近建筑物的邻近关系和距离度量。邻近距离是基于等分骨架线计算的，依据骨架线构造方法(类 Voronoi 图)，连接方式如图 7-38 所示，黑色曲线即为构成的骨架线，可以视为相邻建筑物空白区域的等分线，显示了每个建筑物多边形的影响区域。

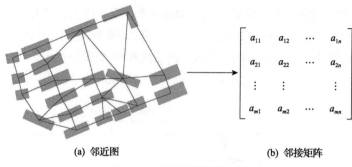

(a) 邻近图　　　　　　　　　　　　(b) 邻接矩阵

图 7-37　建筑物群组邻近图

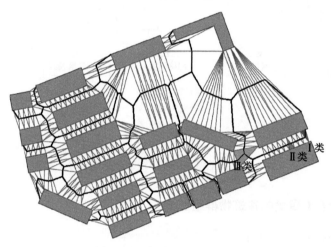

图 7-38　建筑物群组骨架线

因此，基于等分骨架线的邻近距离计算方法，能够更好地考虑建筑物的形状和方向的差异，符合格式塔理论和视觉认知习惯。相较于质心距离、最短距离和通视区域内三角形高的平均距离，其邻近距离求解方式更为合理。计算公式为

$$D_{\text{dis}} = \sum_{i=0}^{k} \frac{P_i P_{i+1}}{l} D_i D_{i+1} \tag{7.19}$$

其中，D_{dis} 为相邻建筑物 b_i 和 b_{i+1} 的邻近距离；k 为两建筑物之间三角形的总数；l 为两建筑物间骨架线的总长度；$P_i P_{i+1}$ 为第 i 个三角形范围内骨架线的长度；$D_i D_{i+1}$ 为第 i 个三角形的高。

首先计算建筑物群组的距离矩阵，然后利用该距离矩阵对邻接矩阵进行加权，得到建筑物群组邻近距离矩阵 M_{dis}。

（1）大小差异度：指建筑物之间在尺度上的差异程度。一般可以通过计算建筑物的面积或者高度等指标来进行量化。一般使用 max-min 归一化相似性。采用

式(7.20)描述相邻建筑物大小差异度，其值域为[1,2]。

$$D_{\text{Area}} = 2 - \frac{\text{Area}_{\min}}{\text{Area}_{\max}} \tag{7.20}$$

(2)方向差异度：由于建筑物通常呈现出矩形化特征，以多边形 MBR 的长边与 x 轴的夹角作为建筑物的方向，采用式(7.21)描述相邻建筑物方向差异度，其值域为[1,2]。

$$D_{\text{Direction}} = 2 - \cos\left(\left|\theta_1 - \theta_2\right|\right) \tag{7.21}$$

(3)形状差异度：对于建筑物形状一般通过几何特征、形状描述子和轮廓匹配等方式来描述[135]。考虑到建筑物的矩形化特点，采用边数比来度量建筑物的形状。采用式(7.22)描述相邻建筑物形状差异度，其值域为[1,2]。

$$D_{\text{Shape}} = 2 - \frac{\text{Shape}_{\min}}{\text{Shape}_{\max}} \tag{7.22}$$

(4)密度差异度：视觉上常以稀疏或密集来描述建筑物群组的整体特征，数值上则以密度作为衡量标准。密度也是制图综合中选取建筑物的依据之一，将小于密度阈值的建筑物视为孤立建筑物进行保留。因此，同名建筑物在建筑物密度上具备相似特征，密度表达为建筑物面积占所有相接三角形包络面积的比例，如式(7.23)所示。采用式(7.24)描述相邻建筑物密度差异度，其值域为[1,2]。

密度计算：

$$\text{Density} = \frac{\text{Area}_{\text{building}}}{\text{Area}_{\text{affect}}} \tag{7.23}$$

密度差异度计算：

$$D_{\text{Density}} = 2 - \frac{\text{Density}_{\min}}{\text{Density}_{\max}} \tag{7.24}$$

视觉距离可定义为邻近距离在几何差异度加权后的结果，建筑物间的大小差异度、形状差异度、方向差异度及密度差异度值域控制在[1,2]，然后将这些差异度加权到邻近距离上，计算为

$$D_{ab} = D_{\text{dis}} \times D_{\text{Area}} \times D_{\text{Direction}} \times D_{\text{Shape}} \times D_{\text{Density}} \tag{7.25}$$

其中，D_{ab} 为 a、b 两个建筑物的视觉距离；D_{dis} 为 a、b 两个建筑物的邻近距离；

D_{Area} 、 $D_{\text{Direction}}$ 、 D_{Shape} 和 D_{Density} 分别为大小差异度、方向差异度、形状差异度和密度差异度。

(5) 基于视觉距离的建筑物邻近关系分析：对于具有 N 个建筑物的群组，首先计算建筑物群组的邻接矩阵 M_{adj} 和距离矩阵 M_{dis} ，依此得到邻近距离矩阵 $M_{\text{adj,dis}}$ ；然后利用大小差异度、形状差异度、方向差异度及密度差异度对 $M_{\text{adj,dis}}$ 进行加权，得到视觉距离矩阵 $M_{\text{visual}} \in \mathbb{R}^{N \times N}$ 。

2. MST 聚类及剪枝

建筑物群组模式是典型的空间分布模式之一。空间聚类可以作为建筑物群组模式识别的前处理步骤，通过对建筑物进行空间聚类，可以减少建筑物之间的相似性计算量，提高建筑物群组模式识别的效率。

空间聚类方法可分为划分法、层次法、密度法、图论法、模型法、格网法及混合法[144]。针对建筑物要素，常用的有划分法、密度法和图论法。划分法中，k-means 算法效率最高，但簇的形状与建筑物分布模式不符，会存在空间信息的丢失；密度法可以发现任意形状的集群，但不能适应建筑物在城市空间中的密度差异和个体形状差异，难以区分均匀的稀疏建筑物群组和密集建筑物群组；MST 算法适用于建筑物群组聚类，但对阈值参数敏感，影响聚类结果。

而考虑到 MST 的连通特性和建筑物群组模式内部特征具有一致性，提出基于变化率参数的 MST 聚类算法。该方法在建筑物群组 MST 的基础上，设置适用于存在密度差异化建筑物数据的聚类阈值。首先依据 7.2.4 节第二部分的视觉距离计算边的权重；然后随机选择仅连接一条边的某个节点为起始点，按 MST 的连通顺序进行排序，得到权重的树模型；接着计算按上述排序后的权重变化率，并在此设置变化率的阈值区间[0.8,1.2]，对 MST 进行剪枝，得到基于变化率的剪枝结果。

本节所提聚类方法虽然需要人为设置参数，但相较于一般的聚类数阈值、边的划分阈值、离散度、均值方差等参数，更符合人对建筑物模式划分的视觉认知，且视觉距离相较于欧几里得距离、最近距离等更接近"模式距离"的概念，经过特征指标的加权，模式内的建筑物在视觉距离上变化更小，因此理论上变化率作为剪枝阈值能更好地划分建筑物模式，其变化率阈值区间固定在 1 附近，稳定性更高。顾及格式塔理论的 MST 聚类及剪枝方法如下。

1) 基于视觉距离的建筑物 MST 生成

(1) MST：在图论中，MST 是加权无向连通图中的一种连接边权重之和最小的生成树，该树包含所有的顶点，并且没有环路。图 7-39 的最小生成树是在邻近图(图 7-37)的基础上生成的，图中数字代表每条边上的权重，黑色线段表示图的 MST，灰色线段表示原图中与其他节点的连接边。

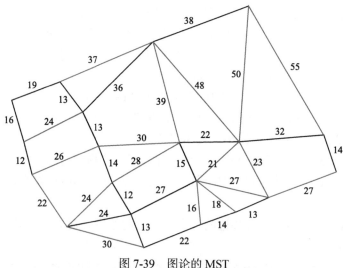

图 7-39　图论的 MST

（2）建筑物群组的 MST：以一个包括 20 个建筑物的群组为例，生成的邻近图和 MST 如图 7-40（a）和（b）所示。首先以形心作为节点构建群组的连通图 G，得到节点集 V 和边集 E；然后计算建筑物间的视觉距离作为边集 E 的权重 w，构成连通图 $G = \{V, E, W\}$（图 7-40（a））；最后利用 Prim 算法生成 G 的 MST（图 7-40（b））。

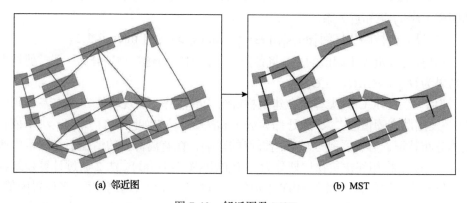

　　　　(a) 邻近图　　　　　　　　　　　　　　　　(b) MST

图 7-40　邻近图及 MST

2）基于变化率的 MST 剪枝

基于 MST 的建筑物群组聚类通过剪枝将 MST 分割为一系列子图，对应生成多个子簇，以此实现对建筑物群组的聚类。

针对建筑物聚类，常用的剪枝方法有以下两种。

（1）根据经验设定一个聚类数目作为约束条件，然后对建筑物群组进行聚类。考虑到建筑物群组大小不尽相同且分布存在差异性，聚类数目很难估算准确。

(2)根据经验设定连接边的权重阈值对 MST 进行剪枝。权重阈值设置为边集权重均值 μ 和方差 σ 之和、边集权重的离散度阈值、边集权重的数理统计特征阈值等。关于权重阈值的设置还没有统一的标准，一般综合考虑数据特征和聚类需求依据经验设置，不适用于本节的匹配任务。

因此，提出基于变化率参数的最小生成树(MST-based changingrate clustering, MCC)聚类算法，设置边集权重的变化率阈值为剪枝参数，设置过程考虑建筑物群组模式特征且受主观影响较小。具体步骤如下。

(1)根据 7.3.5 节第二部分的方法获取待匹配建筑物群组的邻近图 G。

(2)依据 Prim 算法将(1)中生成的邻近图 G 进行 MST 聚类，聚类结果为 $T(v,e)$。

(3)随机选择仅有一个连接边的节点 v_i 作为起始点，对 $T(v,e)$ 进行边 e 排序，得到 $T_{\text{sort}}(v,e)$。

(4)利用式(7.26)计算 MST 连通图 $T_{\text{sort}}(v,e)$ 的权重变化率,结果为 $T_{\text{change\_rate}}$。

$$T_{\text{change\_rate}} = \frac{D_{ab}^{i}}{D_{ab}^{j}} \tag{7.26}$$

其中，D_{ab}^{i} 为 a、b 两个建筑物第 i 条边的距离；D_{ab}^{j} 为 a、b 两个建筑物第 j 条边的距离。i 和 j 是邻近关系。

(5)设置剪枝阈值区间 $[\text{thres}_1, \text{thres}_2]$，$\text{thres}_1 \geqslant 0.8$ 且 $\text{thres}_2 \leqslant 1.2$。

(6)裁剪权重大于阈值的边，将各连通子图对应的建筑物划分为一类，剪枝聚类结果为 $G_{\text{sub}} = \{G_1, G_2, \cdots, G_n\}$。

为了显示 MCC 聚类算法在建筑物群组中的优势，实现均值 μ 和方差 σ 阈值法[155]及离散度阈值法[145]，此处称为法 1 和法 2。结果如图 7-41 所示，法 1 依赖整体分布特征，容易受到区域内离群点的影响，在有离群点的情况下，图示中阈值设置偏大，将相邻建筑物均划分为一个群组(图 7-41(a))。法 2 通过计算建筑物群组每条连接边的权重偏离 MST 中边集平均权重的程度，即离散度，来设置阈值。同法 1 一样受建筑物群组整体分布特征的影响，且依靠经验设置阈值，受主观因素影响，图 7-41(b)中阈值设置偏小，将同一群组建筑物划分为多个簇。

根据 MCC 聚类算法对图 7-40(b)中 MST 进行裁剪，阈值区间设置为[0.8,1.2]，剪枝结果如图 7-42 所示，黑线连接代表是同类建筑物。相较于法 1 和法 2，阈值设置不受离群点的影响，且事先限定范围，受主观因素影响较小。在同一区域实验中获得了较为理想的结果，能较好地识别边集权重类似的稀疏群组和密集群组，大部分同类建筑物正确地划分为同一群组。

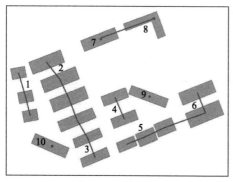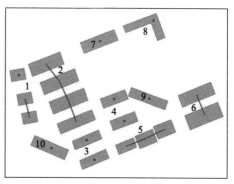

(a) 依据均值+方差的剪枝结果　　　　　　(b) 依据离散度的剪枝结果

图 7-41　依据均值+方差和离散度的剪枝结果对比

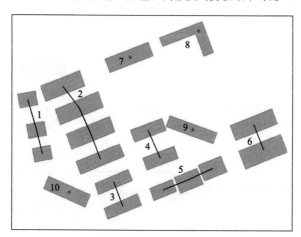

图 7-42　依据 MCC 聚类算法的剪枝结果

7.3.3　基于 GCNN 模型的建筑物群组模式识别模型

为了利用 GCNN 对建筑物群组模式进行识别，首先利用 MST 将建筑物的图形数据转换为图结构 $G = (V, E, S, M)$，从建筑物群组中提取建筑物个体特征 V、关联特征 E、图结构特征 S 及邻接矩阵 M。然后将图的特征矩阵、邻接矩阵以及人工标记群组的标签作为 GCNN 的输入，通过 GCNN 对建筑物模式进行监督学习，训练网络内部参数以获取最终的建筑物模式识别模型。下面详细说明相关的特征计算和模型构建过程。

1. 图的特征提取

在建筑物聚类后，将每个建筑物群组的特征分为建筑物个体特征、建筑物邻域特征以及建筑物群组全局特征，其中建筑物个体特征为主方向、扁平度、面积、中心夹角，建筑物邻域特征为距离、角度、正投影比，建筑物群组全局特征为全局矩形度(表 7-8)。

表 7-8 节点特征、边特征及图特征

类别	特征	描述	公式	图示
节点 V	主方向	MBR 长轴方向与水平方向夹角	夹角弧度	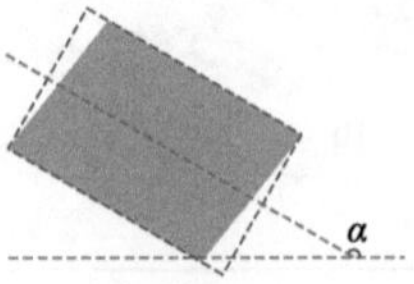
	扁平度	MBR 短轴长度 L_S 与长轴长度 L_l 的比值	$FR = \dfrac{L_S}{L_l}$	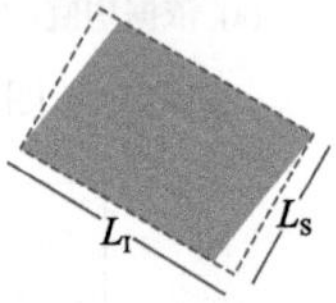
	中心夹角	建筑物质心和建筑物群组中心点连线与水平方向的夹角	夹角弧度	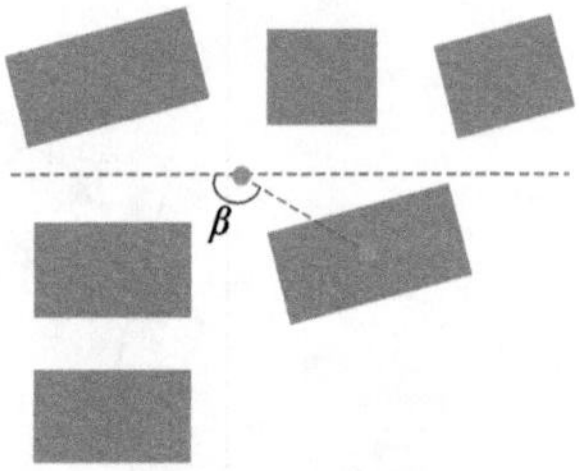
边 E	距离	相邻建筑物质心连线长度	欧几里得距离	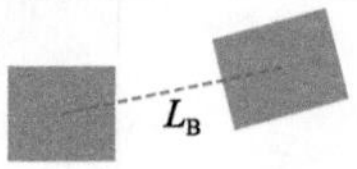
	角度	相邻建筑物质心连线方向与水平方向的夹角	夹角弧度	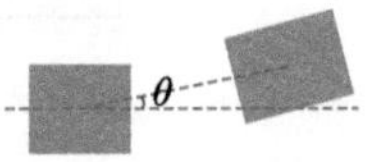
	正投影比	以 B_i 的 MBR 长轴方向 D 为基础，取 B_j 的 MBR 在 D 上的投影长度 L_{ji} 与 B_i 长轴长度 L_i 之和，同理求 L_{ij} 与 L_j	$PR = \mathrm{sum}\left(\dfrac{L_{ji}+L_i}{2}, \dfrac{L_{ij}+L_j}{2} \right)$	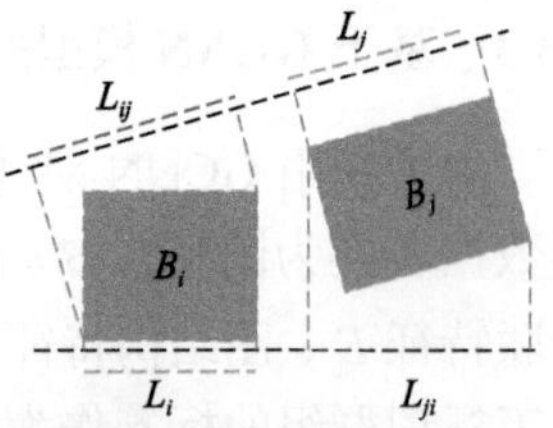
图 S	矩形度	建筑物凸包面积 A_h 与 MBR 面积 A_r 之比	$RS = \dfrac{A_h}{A_r}$	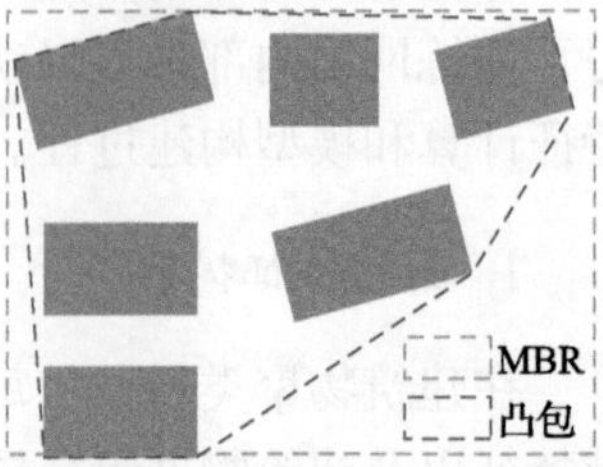

建筑物群组的特征矩阵可以定义为 $F \in \mathbb{R}^{N \times D}$，其中 N 代表建筑物群组中的建筑物数量，D 代表每个建筑物特征向量的维度。该矩阵由每个建筑物的特征向量按照一定顺序组成。每个建筑物的特征向量可以包含多个特征维度，如表 7-8 所示的特征加上面积特征，可得 $D=8$。

2. 图卷积运算

目前主要有基于空间域和基于频域两类方法对图结构数据进行卷积运算。其中，基于空间域的方法直接在节点及其相邻节点的特征上进行卷积操作；而基于频域的方法在图的傅里叶域上对信号进行卷积操作。这两种方法均可以对图信号进行卷积运算，但其数学原理和计算过程存在差异。下面基于空间域的图卷积操作来推导神经网络传播公式。

GCNN 能够捕捉节点的局部邻域信息和整个图的全局结构信息，从而可以更好地理解图的特征和拓扑结构，获得更多的信息。除了标注的真值，GCNN 模型的输入还包括特征矩阵和邻接矩阵。特征矩阵包含每个节点的特征向量，可表示为 $X \in \mathbb{R}^{N \times D}$，其中 N 是节点的数量，D 是每个节点特征向量的维度；邻接矩阵则描述节点之间的连接关系，可表示为 $A \in \mathbb{R}^{N \times N}$。每层 GCNN 的输入均为特征矩阵 H（H 为每一层的特征，在输入层 H 等于 X）和邻接矩阵 A，因此对它们进行内积操作，接着传递到权重矩阵 w 和激活函数 σ 上，就能够构建出一层神经网络，用式 (7.27) 表示：

$$f\left(H^{l}, A\right) = \sigma\left(AH^{l}w^{l}\right) \tag{7.27}$$

这个简单的神经网络存在局限性，邻接矩阵 A 描述了图中节点之间的连接关系，通过与特征矩阵 H 进行乘积运算，可以将节点之间的信息传递。但是每个节点与自己之间没有连接，自身的特征在信息传递中会被忽略。因此，可以通过在邻接矩阵的对角线位置添加自环，实现将其自身作为邻居节点参与信息传递的目标。添加自环后，邻接矩阵中对角线位置的元素为 1。计算公式为

$$\tilde{A} = A + I \tag{7.28}$$

此时 $\tilde{A}$ 没有进行归一化操作，在特征传递时，维数不同的节点在特征分布上的差异会导致图卷积计算中出现不对称性的问题，网络的性能可能会受到影响。因此，先对 $\tilde{A}$ 进行对称归一化操作，保持特征矩阵 H 的原有分布。对称归一化操作表示为

$$\bar{A} = \tilde{D}^{-\frac{1}{2}} \tilde{A} \tilde{D}^{-\frac{1}{2}} \tag{7.29}$$

其中，$\tilde{A}$ 为图的邻接矩阵；$\tilde{D}$ 为图的度矩阵，$\tilde{D}_{ij} = \sum_j \tilde{A}_{i,j}$。

与普通神经网络层一样，GCNN 可以堆叠多个层，并且经上述改进，层之间的信息传递可用式(7.30)表示，其中 l 表示层数，GCNN 模型传播公式为

$$H^{l+1} = \sigma\left(\tilde{D}^{-\frac{1}{2}} \tilde{A} \tilde{D}^{-\frac{1}{2}} H^l w^l + b^l \right) \tag{7.30}$$

其中，H^{l+1} 和 H^l 分别为第 $l+1$ 层和第 l 层的特征输出；$w^l \in \mathbb{R}^{F_{in} \times F_{out}}$ 为第 l 层权重矩阵，F_{in} 和 F_{out} 分别为第 l 层输入和输出的特征图数量；$b^l \in \mathbb{R}^{l \times F_{out}}$ 为第 l 层的偏置项参数；$\sigma(\cdot)$ 为神经网络的非线性激活函数，σ 采用 ReLU$(\cdot)$ 激活函数。

3. GCNN 模型

针对建筑物群组模式识别模型包含三个层次，即输入层、隐藏层及输出层，图 7-43 展示了 GCNN 模型的简要结构。详细说明如下。

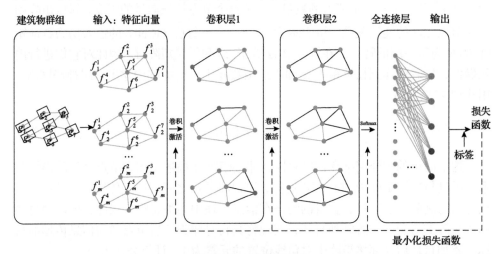

图 7-43　GCNN 模型

1) 输入层

特征矩阵 $F \in \mathbb{R}^{N \times M}$、加权邻接矩阵 $M_{visual} \in \mathbb{R}^{N \times N}$、标签向量 $L \in \mathbb{R}^C$。将 N 个建筑物的图形数据转换为图结构 $G = \{V, E, S, M\}$，其中建筑物抽象为节点表示。每个节点包括四个建筑物描述特征 $V = \{f_1, f_2, f_3, f_4\}$，构成 $N \times 4$ 特征矩阵；中心建筑物与邻近建筑物之间均值加权的边特征 $E = \{f_1, f_2, f_3\}$，构成 $N \times 3$ 特征矩阵；S 是结构特征，构成 $N \times 1$ 特征矩阵，则特征矩阵为 $F \in \mathbb{R}^{N \times 8}$。为解决输入图结构数据的节点数量不一致问题，选择建筑物群组中 N 的最大值 N_{max} 作为统一的维

数，在输入的节点维度上补充一些零元素。M 是图结构 G 的视觉距离加权邻接矩阵 M_{visual}。标签向量 L 是{0：直线，1：曲线，2：网格，3：规则轮廓，4：不规则}，采用 one-hot 编码规则统一标签向量。模型可采用小批量训练方式，降低计算代价，并加快学习速度。

2）隐藏层

模型的隐藏层由 2 层图卷积层组成，用 ReLU 函数激活。作用是将节点的特征信息进行高维映射和非线性变换，从而得到更丰富的特征表示，以支持后续的分类。卷积核是用于计算每个节点在邻域内信息聚合结果的参数矩阵，可表示为 $\theta^1 \in \mathbb{R}^{F_{1\text{in}} \times F_{1\text{out}}}$、$\theta^2 \in \mathbb{R}^{F_{2\text{in}} \times F_{2\text{out}}}$；其偏置项的矩阵形式可表示为 $b^1 \in \mathbb{R}^{1 \times F_{1\text{out}}}$、$b^2 \in \mathbb{R}^{1 \times F_{2\text{out}}}$。其中 $F_{1\text{out}}$ 和 $F_{2\text{out}}$ 分别代表隐藏层处理后的特征图维度。

3）输出层

全连接层，输出 $\{P_i\}_{i=0}^4$ 向量，即样本分别属于 5 个类别的概率。为了判别模式的类别，全连接层通过训练模型中的权重和偏置项，将输入数据映射到输出各类别的概率，概率 P_i 如式(7.31)所示，概率最高的类就是模型分类的预测值 Z。

$$P_i = \text{Softmax}\left(xw_i + b_j\right) \tag{7.31}$$

其中，$\text{Softmax}(\cdot)$ 函数表达式为 $\text{Softmax}(z_i) = e^{z_i} \Big/ \sum_{c=1}^C e^{z_c}$，$z_i$ 为第 i 个节点的输出值，C 为输出类别数量；w_i 为输出层权重参数；b_j 为输出层偏置项参数。

同时选择交叉熵(cross-entropy)作为损失函数，用于衡量模型预测结果与实际标签之间的误差，计算公式为

$$L(y, Z) = -\frac{1}{n} \sum_i^n \sum_j^m y_{ij} \lg Z_{ij} \tag{7.32}$$

其中，n 为样本数量；m 为类别数量；Z 为样本类别的预测值；y 为样本类别的真值。

为了提高模型的预测能力，采用梯度下降法(gradient descent)来优化模型的参数，如式(7.33)所示：

$$\theta^1 = \theta^0 - \alpha \nabla J(\theta) \tag{7.33}$$

其中，α 为学习率；J 为代价函数。

7.3.4　建筑物匹配优化流程设计

本节建筑物匹配优化策略共包括 4 部分, 分别为数据准备、建筑物群组划分、模式识别模型构建和建筑物匹配。技术路线如图 7-44 所示, 下面说明详细步骤。

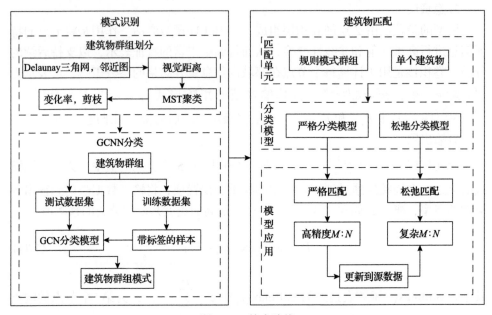

图 7-44　技术路线

1) 数据准备

(1) 建筑物模式数据: 以加拿大不列颠哥伦比亚省为筛选范围, 人工标注直线、曲线、网格、规则轮廓和不规则的样本标签, 用于训练建筑物群组模式识别分类模型。

(2) 建筑物匹配数据: 简单建筑物匹配结果有已匹配和未匹配, 假定其中未匹配数据集为 $B_n = \{b_1, b_2, \cdots, b_i\}$ 和 $G_n = \{g_1, g_2, \cdots, g_j\}$, 数据以群组的形式分散式分布。

2) 建筑物群组划分

首先利用 Delaunay 三角网生成建筑物群组的邻近图, 再利用几何特征和空间特征对邻近距离进行加权, 得到视觉距离; 然后利用 Prim 算法生成 MST, 并设定变化率的阈值对 MST 进行剪枝, 得到建筑物数据的各个子簇, 包括单个建筑物、群组建筑物, 其中仅对群组建筑物进行模式识别。

3) 模式识别模型构建

利用建筑物模式数据训练 GCNN 模式识别模型。首先计算建筑物群组的节点特征、边特征、结构特征，生成特征矩阵。然后将特征矩阵、邻接矩阵与标签向量输入 GCNN 模型进行训练，得到分类模型。模型由卷积、归一化、激活及全连接结构组成。采用 ReLU 激活函数提供更高的特征提取能力，对输出使用 arg max 函数进行 one-hot 编码转换以获得建筑物排列预测结果。定义交叉熵为损失函数，并采用梯度下降法对模型参数进行迭代更新，以最小化损失函数并提高模型的预测能力。

4）建筑物匹配

假定有简单建筑物匹配结果：已匹配 $Y = \{B_m, G_m\}$ 和未匹配 $N = \{B_n, G_n\}$。

首先使用基于视觉距离的 MST 聚类算法和基于变化率阈值的剪枝方法，划分数据 N 的建筑物群组，然后计算群组的 4 个节点特征、3 个边特征和 1 个结构特征构建多维特征矩阵，结合邻接矩阵作为 GCNN 分类模型的输入，输出建筑物群组模式的分类结果，提取具备直线模式、曲线模式、网格模式、规则轮廓模式的建筑物群组作为匹配单元，不规则的建筑物依然以单个建筑物为匹配单元。

以建筑物模式为基本单元，构建未匹配建筑物的候选匹配集，如图 7-45 所示，填充建筑物为数据集 G，线框建筑物为数据集 B，其中有建筑物线性模式 (b_2, b_3)、$(b_3, b_4, b_5, b_6, b_7)$ 和 (b_8, b_9)，规则轮廓模式 $(b_{20} \sim b_{26})$，这些建筑物在匹配过程中以一个整体与其他候选建筑物进行穷举合并，可以在保证精确率的基础上减少预测次数。然后计算候选匹配集的几何相似性、拓扑相似性和上下文相似性，将待匹配建筑物对的位置相似性、方向相似性、面积相似性和形状相似性输入严格匹配关系识别模型，输出严格匹配结果。基于严格匹配结果更新空间相似性，将几何、拓扑和上下文信息输入松弛匹配关系识别模型，输出松弛匹配结果。

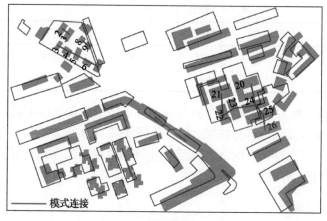

图 7-45　建筑物模式示例

7.3.5　实验与结果分析

1. 实验数据

(1) 模式识别数据：以不列颠哥伦比亚省作为研究区域，先以道路物理分割划分建筑物区域，再基于视觉距离的聚类算法(7.3.2 节)来划分建筑物群组。划分后，将群组标注为直线模式、曲线模式、网格模式、规则轮廓模式和不规则模式(图 7-46)。标注时，取 3 名专家标注一致的作为样本数据。通过上述步骤，最终每个类别均选择了千余个群组，每个群组有 2～48 个建筑物，详见表 7-9。将所有标注的群组作为样本，按 6:2:2 比例随机划分为训练集、测试集和验证集。

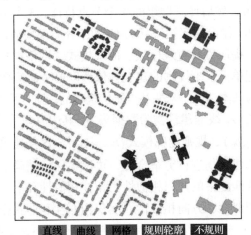

直线　曲线　网格　规则轮廓　不规则

图 7-46　模式识别样本数据

表 7-9　建筑物群组模式样本信息

项目	直线	曲线	网格	规则轮廓	不规则
建筑物总数/个	4975	5677	9437	9111	8525
模式总数/个	1092	1046	1039	1069	1027

(2) 建筑物匹配数据：本节实验数据是基于简单建筑物匹配结果的未匹配数据，来源于武汉市江汉区部分区域，包含高德数据 3121 个建筑物，百度数据 2283 个建筑物(图 7-47(a))。匹配之前先进行建筑物群组聚类和模式识别的预处理，图 7-47(b) 为 MST 剪枝后。

2. 模式识别实验

实验首先利用 Delaunay 三角网构建邻近图，然后采用 MST 聚类划分建筑物群组，7 个建筑物群组的特征参量包括主方向、扁平度、中心夹角、距离、角度、

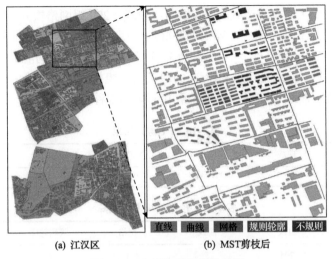

(a) 江汉区　　　　　(b) MST剪枝后

直线　曲线　网格　规则轮廓　不规则

图 7-47　建筑物群组实验数据

正投影比、矩形度，加上面积特征共 8 个特征作为 GCNN 的输入。图卷积模型包括 2 个卷积层和 1 个全连接层，每个卷积层有 64 个卷积核，卷积层采用 ReLU 函数激活，其学习率、样本数量、类编号分别为 1×10^{-4}、64 和 5。

利用不列颠哥伦比亚省区域的数据进行模式识别实验。训练模型的准确率随步数增长逐渐上升，在步数约 4500 时收敛；损失函数逐渐减小，在步数约 4000 时收敛。图 7-48 呈现了训练结束后两个数据集的准确率和损失函数曲线，准确率分别为 0.932 和 0.924，损失函数值分别为 0.121 和 0.170，训练集和测试集的准确率及损失函数值非常接近，这表明 GCNN 模型经过充分训练，已经具备了出色的归纳能力，能够高效地对测试集中的样本进行分类。

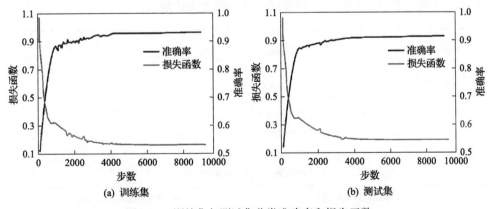

(a) 训练集　　　　　(b) 测试集

图 7-48　训练集与测试集分类准确率和损失函数

为验证识别方法的有效性，选择包括 1032 组建筑物群组的验证集数据进行验证实验，包含 217 组直线模式、206 组曲线模式、209 组网格模式、211 组规则轮廓模式和 189 组不规则模式。导入训练好的模型中进行分类，验证集各类建筑物群组模式的 F1 得分结果见表 7-10,综合 F1 得分为 0.921,相应的混淆矩阵如表 7-11 所示。结果表明，提出的基于 GCNN 的建筑物群组模式识别方法可以精准地识别建筑物的直线、曲线、网格、规则轮廓和不规则 5 种模式。

表 7-10　F1 得分结果

直线	曲线	网格	规则轮廓	不规则	综合 F1 得分
0.945	0.903	0.944	0.927	0.886	0.921

表 7-11　预测结果混淆矩阵

模式	直线	曲线	网格	规则轮廓	不规则
直线	204	5	4	0	0
曲线	12	193	2	1	7
网格	1	1	201	1	0
规则轮廓	0	0	2	204	5
不规则	0	7	0	5	177

为保证模式识别模型在模式识别和匹配应用上的效果，利用温哥华和武汉市两个不同区域的数据进行验证分析。温哥华的数据排列规整，分布密集而整齐（图 7-49（a）），武汉市的数据密集且杂乱（图 7-49（b））。选取具有普遍性和代表性的图 7-49 作为分类示例，如图所见，温哥华地区的建筑物模式识别结果规则模式居多，例如，模式 1、2 是规则轮廓模式，模式 3 是不规则模式，其他的是线性模式。可见由于形状相似、排列规则，线性模式占比最多。

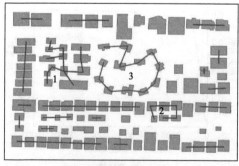

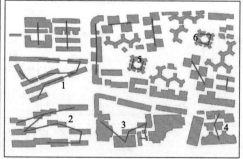

(a) 温哥华模式识别示例　　　　　　(b) 武汉市模式识别示例

图 7-49　模式识别示例

武汉市地区的建筑物模式识别结果不规则模式较多，例如，模式 1～4 是不规则模式，模式 5、6 是规则轮廓模式，其他的是线性模式。由于形状多样化、排列较为错乱，有大约四分之一的建筑物属于不规则模式，但依然有大部分属于规则模式，且能被分类模型准确识别，可见对于类似武汉市这种整体排列不规则，但有局部相似的数据，本节模式识别策略依旧可以识别出对应的建筑物群组模式，这有利于接下来对 $M:N$ 类型的匹配。

3. 建筑物匹配实验

以湖北省武汉市江汉区部分区域作为研究区域，分别包含百度数据 3471 个建筑物和高德数据 4309 个建筑物。其中，未匹配建筑物中百度数据 2283 个建筑物、高德数据 3121 个建筑物作为建筑物匹配实验的验证数据对象。

首先使用基于视觉距离的 MST 聚类算法和基于变化率阈值的剪枝方法，划分未匹配建筑物的聚类群组。然后计算群组的 8 个特征构建多维特征矩阵，结合邻接矩阵输入 GCNN 分类模型，聚类后群组的模式识别结果如表 7-12 所示。

表 7-12　模式识别结果

数据源	建筑物数量	模式总数	直线	曲线	网格	规则轮廓	不规则	F1 得分
B	2108	747	524	98	56	16	53	0.896
G	2946	939	639	145	68	30	57	0.918

为验证基于变化率阈值的剪枝方法在建筑物聚类和匹配任务中的有效性，选取均值法、离散度法作为对比方法，对待匹配数据进行聚类操作，使用变异系数[156]（coefficient of variance，CV）来描述聚类的同质性（Homogeneity），其定义为特征值的标准偏差（standard deviation，STD）与平均值（Mean）之比，如式（7.34）所示，统计结果如图 7-50 所示。变化率阈值得到的建筑物群组各子簇内几何特征的变异系数值小于均值法和离散度法得到的结果。可见视觉距离的变化率阈值策略得到的结果更符合人类的视觉认知。

$$\text{Homogeneity} = \frac{\text{STD}(R_i)}{\text{Mean}(R_i)} \tag{7.34}$$

然后提取具备直线模式、曲线模式、网格模式、规则轮廓模式的建筑物群组作为匹配单元，不规则模式的建筑物依然以单个建筑物为匹配单元。

评估结果如表 7-13 所示，所有类型的综合评分精确率为 0.954、召回率为 0.928、F1 得分为 0.941，相比于 Align-OCSVM 方法有一定的提升，主要是针对 $1:N$、$M:1$ 和 $M:N$ 的匹配，模式的约束使其召回率均有提高，减少了复杂类型的漏匹配情况。在保持高精度的基础上，其匹配耗时也短，能够为大规模数据匹配提供可能性。

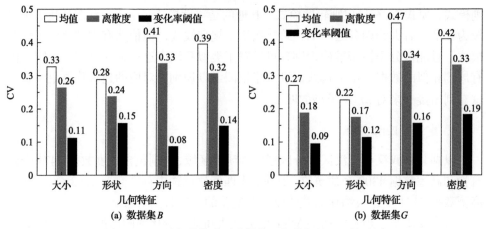

图 7-50   三种阈值策略下建筑物几何特征的 CV 统计图

表 7-13   Pattern-OCSVM 方法综合匹配结果

方法	TP	FP	FN	精确率	召回率	F1 得分	耗时/s	效率
Pattern-OCSVM	1825	87	142	0.954	0.928	0.941	178	10.25

同时将模式识别结果与匹配标签($M:N$ 的 M 或 N 个建筑物的标签相同,即一类)进行比较,采用评估方法计算模式识别结果与匹配的相关性。将识别出的建筑物模式在匹配中作为匹配单元的定义同时作为有效建筑物模式。评估结果如图 7-51 所示,数据集 B 和数据集 G 的直线模式、曲线模式、网格模式和规则轮廓模式的数量趋势是一致的,其中直线模式数量最多,规则轮廓模式最少。在匹配中有效建筑物模式数量占模式总数的比例符合理想的效果,其中数据集 B 中有效直线模式占比 96.9%、曲线模式占比 93.9%、网格模式占比 94.6%、规则轮廓模式占比 87.5%。

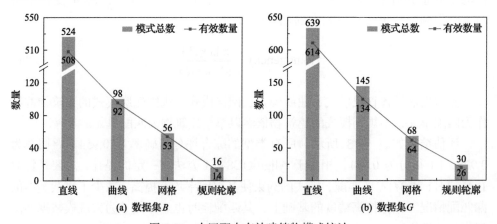

图 7-51   在匹配中有效建筑物模式统计

有效的模式能够在匹配过程中降低匹配复杂度，提升匹配效率。如图 7-52 所示，匹配的过程是将图 7-52(b) 所标注的匹配关系准确而高效地识别出来。由于建筑物制图综合和天然分布符合格式塔理论等，建筑物模式大部分是待匹配对(集)的子集，如图 7-52(c) 所示的直线模式 (g_1, g_2)、(g_3, g_4)、(g_5, g_6, g_7) 也是 1:N 类型的待匹配群组 N，分别属于 $(b_1 : g_1, g_2)$、$(b_2 : g_3, g_4)$、$(b_3 : g_5, g_6, g_7)$ 匹配对中数据集 G 的子集。曲线模式 (b_5, b_6, b_7, b_8) 和规则轮廓模式 $(g_8 \sim g_{13}, g_{15})$ 分别是匹配对 $(b_5 \sim b_{11} : g_{16}, g_{17})$、$(b_4 : g_8 \sim g_{15})$ 中数据集 B 和数据集 G 的子集。得到图 7-52(d) 匹配结果的过程中，使用模式减少了无效匹配，如数据对 $(b_1 : g_1, g_2)$ 的其他匹配可能有 $(b_1 : g_1)$、$(b_1 : g_2)$，以模式为基本匹配单元，则直接匹配 $(b_1 : g_1, g_2)$，尤其是 $(b_5 \sim b_{11} : g_{16}, g_{17})$ 这样复杂的 $M:N$ 匹配。

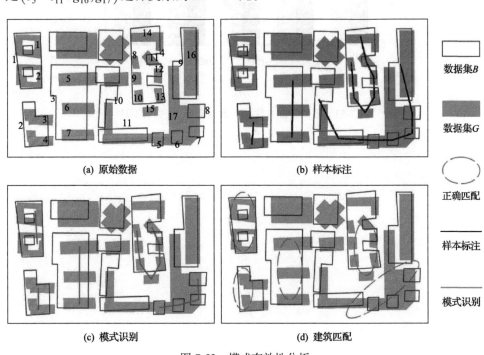

图 7-52 模式有效性分析

为了说明本节方法在建筑物匹配上的效率和精度改进，与 OCSVM 方法、Align-OCSVM 方法、决策树方法、加权平均方法进行对比。依据本节方法评估各方法对高德数据 3121 个建筑物和百度数据 2283 个建筑物构建的 1505 个匹配对(集)的匹配效果，匹配效率和 F1 得分如图 7-53 所示，其中决策树方法匹配效率最高，F1 得分达到 0.828，本节方法(Pattern-OCSVM)其次，但 F1 得分最高，达到 0.941。说明本节方法能在保证匹配精度的情况下有效提升匹配效率，尤其对于

$M:N$复杂匹配关系的识别。

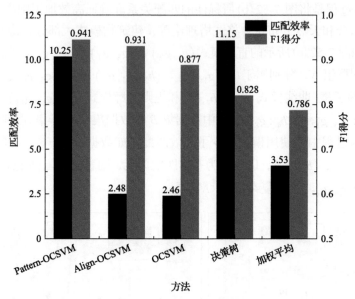

图 7-53　不同匹配方法的匹配效率与 F1 得分对比

第8章 基于参考数据 VGI 数据智能评价

本章介绍基于学习模型的 VGI 数据智能评价方法，以 OSM 数据为例进行方法验证。首先，在研究区域内，可以获取官方矢量参考数据，将 OSM 数据集和官方数据集之间的各个质量评价描述因子作为训练深度自编码（autoencoder）网络的输入，自编码网络根据未知的复杂多变量数据特征对样本种群进行编码与重构。然后，基于小概率样本对自编码网络贡献小的理论，通过训练过程中的重构误差对 OSM 数据质量进行评价。在这个方法中，选择的因子包括 OSM 数据集与官方数据集之间的数据完整性、位置精度、形状精度、语义精度、方向一致性。最后，评估加拿大多伦多市的建筑物数据，实验表明提出的方法可以全面、客观和准确地评估 OSM 数据。

本章的贡献有以下三个方面。

(1)引入人工智能方法，定义深度自编码网络，以编码-解码模型的重构误差作为质量评价结果，将评价因子人工权重弱化，实现数据质量客观、定量化评价。

(2)评价模型针对建筑物数据设计方向一致性、形状精度等全面的评价因子。同时，提出的评价方法针对评价因子不固定情况，可以根据需要增减评价因子，实现数据质量的综合评价。

(3)提出评价模型采用非监督学习方法进行数据质量评价，具有很强的泛化能力，可推广应用在其他数据质量评价或异常数据分析领域。

8.1 VGI 数据智能评价概述

OSM 是一个自由的、可编辑的地图数据库，允许用户创建和更新地图数据。它由全球志愿者贡献，提供详尽的地理信息，包括道路、建筑、河流等。OSM 的数据是开放的，任何人都可以访问和使用这些数据[157]，广泛应用于导航、地理分析和多种应用开发。然而，由于缺乏实地考察和工业级传感装置的使用，OSM 数据的质量与价值问题引起了关注，特别是因为数据贡献者可能未经培训或不具备相关知识引起的数据质量问题。对于地理空间数据的应用，必须具有可靠性，所以 OSM 在多个领域的应用取决于空间数据质量的保证[11]。因此，在 OSM 数据用于研究某种特定目的之前，对志愿者提供的数据进行适当的数据质量评价是必要的。为此，一些学者研究了确定 OSM 数据质量的方法[158-160]。过去，一般使用 OSM 数据集和官方数据集之间的特征关系来进行数据质量评价。

    由于自编码网络具有非监督学习能力和自我学习能力,广泛应用到许多异常数据分析的特定领域中[161,162]。作为一个有知识的机器学习工具,自编码网络单元——受限玻尔兹曼机(restricted Boltzmann machine,RBM)[163]应用到许多领域,如多元分布模型和深度学习架构[164]。但 RBM 仅限于连续值和非高斯输入[165],为了克服这些限制,有研究者提出了连续受限玻尔兹曼机(continuous restricted Boltzmann machine,CRBM)[166],CRBM 通过最小化对比散度(minimizing contrastive divergence,MCD)进行迭代训练[167]。深层结构学习尝试利用多个处理层作为抽象空间对象的主要类别来提取数据特征[168]。因此,在 RBM 之后开始使用自编码网络进行建模。与监督学习系统相比,自编码网络作为非监督学习系统,是通过分析数据的深层次规律来学习数据特征的。在模型的训练过程中,该网络不需要样本标签数据集(如真实值),训练模型会利用重构误差来进行评价。然而,基于 RBM 的自编码网络仅适用于二进制输入数据。与 RBM 不同,当输入连续时,CRBM 可以用来构建自编码网络[169],它们可以通过最小化输入数据与输出数据之间的差异来训练。与大概率样本相比,训练模型时,小概率样本不太可能对自编码网络作出贡献。因此,训练模型在小概率样本的编码和重构中表现不佳,且会有较大的重构误差[162]。

    在许多情况下,小比例尺范围的权威数据质量比 OSM 的更差[6]。但是,大多数建筑物是通过 Bing 地图数字化得到的[23,170]。本章提出一种使用深度自编码网络进行 OSM 建筑物数据质量评价的方法,该方法首先计算数据完整性、位置精度、形状精度、语义精度和方向一致性,并将其作为质量评价因子,然后将这些因子当成训练网络的输入数据进行编码和重构。异常 OSM 数据将表现出与 OSM 数据质量相对应的较大重构误差,并且 OSM 中大于平均值的异常数据点有更好的质量。这种方法能实现对地理空间数据质量更全面客观地评价。

8.2 基于矢量参考数据 VGI 数据智能评价

    在研究 OSM 建筑物数据质量评价方法之前,应该首先理解地理空间数据质量的基本概念及空间数据误差的来源。本节主要是阐述与地理空间数据质量及其评价相关的理论知识,为后续研究进行铺垫。

8.2.1 基于深度自编码网络综合评价模型

    OSM 建筑物数据的质量评价包括数据质量评价因子的定义、建立各种因子的度量标准、最终表达出数据质量[171]。深度自编码网络的综合评估方法首先需要根据构建的每个样本分别计算评价因子;然后利用每个样本中的评价因子作为模型输入去训练设计的深度自编码网络,直到网络的重构误差达到最小且稳定;最后根据深度网络输入数据与输出数据的差异进行 OSM 建筑物数据质量评价。

1. OSM 建筑物评价因子

为了根据重构误差来评价 OSM 数据的质量，需要计算一些指标作为深度自编码网络的输入数据。然而，没有一个质量评价因子是单独使用的，如数据完整性、语义精度、位置精度或形状精度这些因子都将用来评估模型。另外，输入数据的每个维度单元在深度自编码网络中必须是相互独立的。因此，为了更全面、更客观地定量评价 OSM 数据质量，使用以下几个因子。

1) 数据完整性

该值是描述数据缺失的变量，即描述期望被观察到的数据或应该包含在数据集中但意外丢失的数据。引入真阳性 (true positive，TP) 和假阴性 (false negative，FN)：TP 表示 OSM 数据集和参考数据集中匹配好的建筑物；FN 表示参考数据集中有，而 OSM 数据集中没有的建筑物，数据完整性计算公式为

$$\text{Completeness} = \frac{\text{TP}}{\text{TP}+\text{FN}} \tag{8.1}$$

2) 位置精度

该值用于评估 OSM 数据集中建筑物相对于实际建筑物的地理位置误差。该方法首先计算每个匹配对中建筑物的质心；然后每个匹配的建筑物对之间的位置精度计算为 OSM 数据集和参考数据集中对应建筑物质心之间的距离。如果匹配对表现出 1:1 的关系，那么位置精度的计算公式为

$$\text{Accuracy}_{posi} = \text{dis}(\text{CO}, \text{CF}) \tag{8.2}$$

其中，CO 和 CF 分别为 OSM 数据集和参考数据集中对应建筑物的质心。如果匹配对表现出其他的关系，如 1:m、n:1 或 n:m，那么式 (8.2) 中的质心由多个建筑物的平均质心代替，计算公式为

$$\text{CO} = \frac{1}{n} \sum_{i=0}^{n} \text{CO}_i \tag{8.3}$$

$$\text{CF} = \frac{1}{m} \sum_{j=0}^{m} \text{CF}_j \tag{8.4}$$

3) 形状精度

该值用于描述 OSM 数据集和参考数据集中对应建筑物的形状相似性。在计算形状精度时，根据不同的建筑物表示为不同的多边形 (简单多边形、带洞多边形

和复合多边形)形式。

4) 方向一致性

该值用来评估建筑物方向的一致性,它定义为地图中建筑物的多边形 MABR 的方向,并且矩形较长边缘的长度代表方向向量的大小(图 8-1)。目前的工作最先考虑的是两个数据集中匹配对的关系。如果多边形对表现出 1:1 的关系,那么逐一计算方向一致性,计算公式为

$$\text{Consistency}_{\text{dire}} = 1 - \frac{|D_{\text{ref}} - D_{\text{OSM}}|}{180°} \tag{8.5}$$

其中,D_{ref} 和 D_{OSM} 分别为参考数据集和 OSM 数据集中建筑物 MABR 的方向。

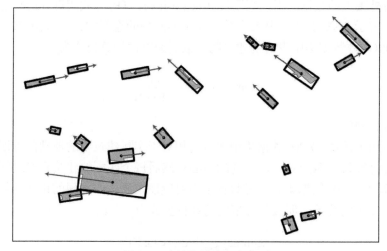

图 8-1   建筑物轮廓方向表示

当匹配关系表现出 $n:m$(包括 $1:m$ 和 $n:1$)关系的建筑物匹配对时必须先计算方向向量,同时将符合同一建筑物的分离建筑物定义为一组,并将同一组的方向向量加在一起来与另一数据集中的方向向量进行比较(图 8-2)。式(8.5)中的方向向量替换为分组向量的总和,公式为

$$D_{\text{OSM}} = \sum_{i=0}^{n} D_i \tag{8.6}$$

$$D_{\text{ref}} = \sum_{j=0}^{m} D_j \tag{8.7}$$

其中,D_i 和 D_j 分别为 OSM 数据集和参考数据集中建筑物的方向向量;n 和 m 描

述了建筑物匹配对 $n{:}m$ 的关系。

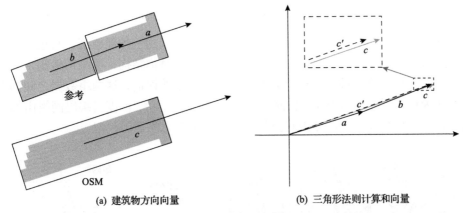

(a) 建筑物方向向量   (b) 三角形法则计算和向量

图 8-2 建筑物轮廓方向表示

  两个向量是根据三角形法则进行相加的，首先将两个向量首尾连接，然后求和向量就等于从第一个向量的起始点开始并以第二个向量终止点结束的结果向量（图 8-2(b)）。如果组内需要相加的向量超过两个，那么将前两个向量之和作为一个新的向量来与第三个向量相加；以此类推，直到同一组中的所有矢量都以这种方式相加，最终合成一个向量。

  5)语义精度

  该值用来描述一个现实中的建筑物是否被 OSM 所记录。广义上来说，语义精度等于 100%[23]。在 CityGML 建筑物模型的开放地理空间信息联盟(Open Geospatial Consortium，OGC)标准的基础上，语义层次与几何层次紧密相关，语义精度可以定义为：如果与参考数据集的关系表现为 1:1 的关系，那么这个建筑物的记录是语义正确的；如果一个建筑物对应参考数据集中 m 个建筑物(1:m)，那么表明它属于对应建筑物的高层语义层次结构。1:0 的关系表明 OSM 数据集中一个在现实中没有相匹配的建筑物(如语义不正确)，而 0:1 的关系代表相反的情况。若 OSM 数据集中的建筑物只是参考数据集中的一部分(n:1)，在语义层次上，建筑物被记录在较低的水平上。$n{:}m$ 的匹配关系在语义精度上也表现出不正确的记录。因此，根据文献[23]提出的语义精度，计算公式为

$$\text{Accuracy}_{\text{semantic}} = \frac{N_1 + N_2}{N} \qquad (8.8)$$

其中，N_1 和 N_2 分别为在 1:1 和 1:0 的关系中，OSM 数据集与参考数据集匹配的建筑物数量；N 为 OSM 数据集中建筑物的数量。OSM 数据是经常更新的，因此当用式(8.8)计算语义精度时，OSM 数据集和参考数据集中匹配关系为 1:0 的对

应建筑物要添加进来。

2. 深度自编码网络

深度自编码网络由 Hinton 提出[164]，是神经网络的一种新模型，它包含许多层对输入数据进行编码和解码。深度自编码网络是对称结构，该结构将输入和输出之间的差异训练到最小。输出数据是对输入数据的评估，这两组数据之间的差异定义为重构误差，用于异常检测[161,172]。如图 8-3 所示，深度自编码网络由编码和解码两部分组成，两部分中间公共的连接层定义为码字层。

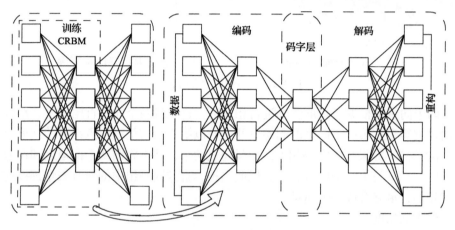

图 8-3　深度自编码网络

深度自编码网络是一个对称的结构，其中输出与输入的误差定义为重构误差，重构误差越大说明异常输入数据越多，重构误差可以计算为

$$E = \sqrt{\sum_{i=1}^{n} (O_i - I_i)^2} \tag{8.9}$$

其中，O_i 为输出数据；I_i 为输入数据；n 为输出层的大小。

深度自编码网络通过三个步骤将重构误差训练到最小。首先，在预训练阶段，对 CRBM 逐一进行训练；然后，在扩展阶段，所有经过训练的 CRBM 堆叠起来形成一个深度自编码网络；最后，在优化阶段引用反向传播算法来调整网络中的所有参数，这个步骤称为微调(图 8-4)。

CRBM 是一个具有两层结构的生成模型，包括可见层和隐藏层(图 8-5)。v_i 和 h_j 分别代表可见层单个单元和隐藏层单个单元，它们被权重矩阵 w 连接，其中权重 w_{ij} 和 w_{ji} 是相等的，隐藏层的偏置项表示为 $c = \{c_1, c_2, \cdots, c_n\}$，可见层的偏置项表示为 $b = \{b_1, b_2, \cdots, b_m\}$。

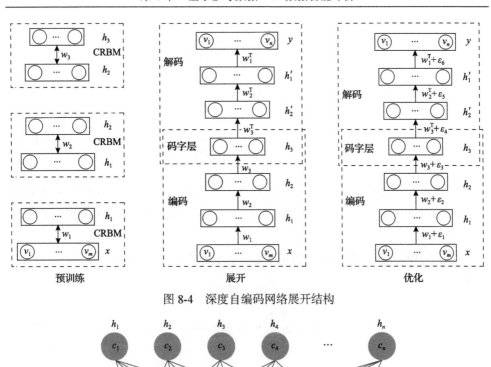

图 8-4　深度自编码网络展开结构

图 8-5　CRBM 结构

为了提高模型对连续数据的处理能力，在 CRBM 的隐藏层单元和可见层单元中增加一项均值为 0、方差为 1 的高斯分布随机噪声[167]。每一个隐藏层单个单元 h_j 与一个可见层单个单元 v_i 通过权重矩阵计算得到，该权重 w_{ij} 表示为可见层单个单元 v_i 对于隐藏层单个单元 h_j 的贡献。也就是说隐藏层单个单元 h_j 可以通过可见层单个单元 v_i 加权求和计算得到：

$$h_j = \varphi\left(\sum_{i=1}^{m} w_{ij} v_i + c_j + n_j\right) \tag{8.10}$$

其中，c_j 为隐藏层的单个偏置项；噪声项 $n_j = \sigma N(0,1)$ 由一个常数 σ 和一个均值为 0、方差为 1 的高斯分布随机数 $N(0,1)$ 组成，其概率分布为

$$p(n_j) = \frac{1}{\sigma\sqrt{2\pi}} \exp\left(\frac{-n_j^2}{2\sigma^2}\right) \tag{8.11}$$

$\varphi(x)$ 是自编码网络的激活函数，定义为

$$\varphi(x_j) = \theta_{\mathrm{L}} + (\theta_{\mathrm{H}} - \theta_{\mathrm{L}}) \frac{1}{1 + \exp(-a_j x_j)} \tag{8.12}$$

这里，$\varphi(x)$ 为 sigmoid 函数，它的渐近线是常数 θ_{L} 和 θ_{H}；噪声控制参数 a_j 控制 sigmoid 函数的斜率，当 a_j 增加时，确保从无噪声确定状态到二进制随机状态的平稳过渡[166]。

可见层单个单元可以按照相同的规则基于隐藏层单个单元计算，如式 (8.13) 所示：

$$v_i = \varphi\left(\sum_{j=1}^{n} w_{ij} h_j + b_i + n_i\right) \tag{8.13}$$

利用 MCD 规则迭代地训练 CRBM (图 8-6)，在训练过程中权重矩阵 w、可见层的偏置项 b、隐藏层的偏置项 c 以及噪声控制参数 a_j 通过每一次迭代更新，具体如式 (8.14) ～式 (8.16) 所示。

$$\Delta w_{ij} = m \times \Delta w_{ij} + \eta_w\left(\langle v_i h_j \rangle - \langle \hat{v}_i \hat{h}_j \rangle\right) - c \times w_{ij} \tag{8.14}$$

$$\Delta a_j = \frac{\eta_a}{a_j^2}\left(\langle s_j \rangle^2 - \langle \hat{s}_j \rangle^2\right) \tag{8.15}$$

$$\Delta b_i = \eta_b\left(\langle s_i \rangle - \langle \hat{s}_i \rangle\right) \tag{8.16}$$

其中，$\langle \cdot \rangle$ 为训练数据的平均操作；η_w、η_a 和 η_b 分别为权重学习率、噪声控制项学习率和偏置项学习率；$\hat{v}_i$ 为可见层单个单元 v_i 通过一步学习之后的结果；$\hat{h}_j$ 为隐藏层单个单元 h_j 通过一步学习之后的结果；s 当表示可见层单元时为 v，当表示隐藏层单元时为 h；m 为控制学习速率的动量项参数；c 为权重损失惩罚项。

通过以上步骤可以实现每个 CRBM 独立训练，称为深度自编码的预训练过程，然后是展开步骤构建深度自编码网络，最后在优化阶段通过引入反向传播并评估每个网格单元中的误差和计算网格单元对重构误差的贡献来调整网络中的参数。在最小化重构误差的指导下，对系统的参数进行调整。

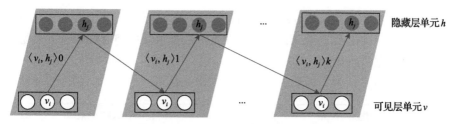

隐藏层单元 h

可见层单元 v

图 8-6　CRBM 训练过程

在后向传播过程中，对于输出层 L 中每个节点的重构误差计算表示为

$$\delta_i^L = -\left(y_i - x_i^L\right) \cdot \varphi'\left(z_i^L\right) \tag{8.17}$$

对于节点在其他网络层 $l(l = L-1, L-2, L-3, \cdots, 2)$ 中，重构误差计算表示为

$$\delta_i^l = \left(\sum_{j=1}^{s_{l+1}} w_{ij}^l \delta_j^{l+1}\right) \cdot \varphi'\left(z_i^l\right) \tag{8.18}$$

其中，δ_i^l 为网络层 l 中每个节点 i 的重构误差；y_i 为期望输出值；s_{l+1} 为网络层 $l+1$ 中的节点数量；$\varphi'(x)$ 为 $\varphi(x)$ 的求导函数；w_{ij}^l 为网络层 l 中节点 i 与网络层 $l+1$ 节点 j 之间的权重；z_i^l 为网络层 l 中节点 i 加权求和，其可以通过式 (8.19) 求得

$$z_i^l = \left(\sum_{j=1}^{s_{l-1}} w_{ij}^{l-1} x_j^{l-1} + b_j + \sigma N(0,1)\right) \tag{8.19}$$

基于以上分析，深度自编码网络中的参数在优化阶段可以通过式 (8.20)～式 (8.22) 在迭代中更新：

$$\Delta w_{ij}^l = \eta_w \delta_i^{l+1} x_j^l \tag{8.20}$$

$$\Delta b_i^l = \eta_b \delta_i^l \tag{8.21}$$

$$\Delta a_i^l = \eta_a \frac{\delta_i^l}{\left(a_i^l\right)^2} z_i^l \tag{8.22}$$

3. OSM 建筑物数据质量综合评价

OSM 建筑物数据质量综合评价包括定义质量评价因子、因子的计算方式及最后数据质量的综合描述[171]。本章提出基于深度自编码网络 OSM 建筑物数据质量综合评价方法主要包括三步(图 8-7):首先,将 OSM 数据与官方矢量参考数据通过网格划分成等大的数据单元;然后,在每个数据单元中将 OSM 建筑物数据与参考建筑物数据进行比较,计算几何形态精度(相似度)、位置精度、方向一致性、数据完整性及语义精度;最后,以每个数据单元作为一个样本,每个样本中计算

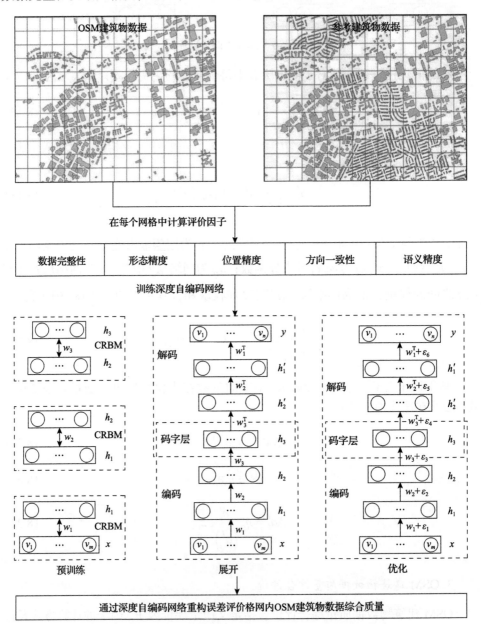

图 8-7 基于深度自编码网络 OSM 建筑物数据综合评价流程

得到的评价因子作为样本特征去训练构建的深度自编码网络，当重构误差达到最小且稳定后网络训练成熟。通过训练好的成熟网，每个数据单元的重构误差可以用来表示该数据单元中的 OSM 建筑物综合评价值。

通过分割 OSM 数据集和参考数据集获得大量的网格单元。OSM 数据集中的一个网格单元在参考数据集中也只有一个网格单元与之相对应，并且它们有相同的 ID。两个数据集中拥有相同 ID 的网格单元作为数据的样本来计算建筑物质量评价的因子。因此，一对网格单元的因子计算结果将作为深度自编码网络的数据样本。

在经过预训练和微调之后，一旦建立网络，设定 CRBM 的参数，且深度自编码网络已达到稳定的状态，那么数据样本就可以重构。输入数据一对网格单元的每一组因子与从深度自编码网络输出的重构结果相对应，而输入数据与重构结果之间的误差代表了 OSM 数据质量性能。每个输入的网格单元都会表现出一定的重构误差，一个较大的误差表明一个异常的网格单元。这个异常的值有可能是正值，也可能是负值。如果输入网格单元对应的误差超过平均值，那么可以认为该网格单元表现出较好的质量；否则，该网格单元的质量相对来说较差。

8.2.2　案例分析

1. 基于数据匹配的训练样本库构建

训练样本库构建是深度学习的基础和前提。本节学习样本库构建包含两个方面：一方面是将 OSM 数据集中的建筑物和参考数据集中对应的建筑物进行匹配；另一方面是将匹配的数据用规则网格划分，生成面积相同的单元网格，将每个单元网格作为一个深度学习样本去训练网络结构模型。

许多 OSM 中的建筑物数据是根据 Bing 地图影像进行数字化得到的。因此，OSM 中建筑物表示的精度与 Bing 地图的分辨率有关，几个相邻的建筑物可能在 OSM 中数字化成一个建筑物。还有许多类似的案例，包括 $1:m$、$n:1$ 和 $n:m$ 等，如表 8-1 所示。

由于 OSM 建筑物数据来源于 Bing 地图，较高的建筑物在 OSM 数据集和参考数据集之间可能有较大的偏移，并且两个大的建筑物由于光线斜射，在图像上重叠的地方可能占有很大的面积比例。基于以上原因，建筑物数据的匹配分为过滤和细化两个处理步骤。

在过滤的过程中，引入重叠方法。该方法的理论基础是 OSM 数据集建筑物和另一个数据集中的对应建筑物之间的重叠面积大于阈值 T_0[173]。如果 OSM 数据集中的某个建筑物与参考数据集中的对应建筑物匹配，需要满足式(8.23)的标准：

$$\frac{\text{Area}_{\text{Overlap}}}{\min\{\text{Area}_{\text{OSM}}, \text{Area}_{\text{ref}}\}} > T_0 \tag{8.23}$$

表 8-1　OSM 建筑物轮廓与官方矢量参考数据对应关系说明

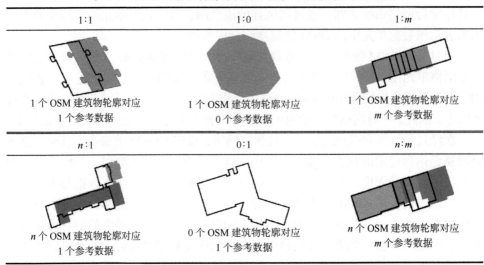

1:1	1:0	1:m
1 个 OSM 建筑物轮廓对应 1 个参考数据	1 个 OSM 建筑物轮廓对应 0 个参考数据	1 个 OSM 建筑物轮廓对应 m 个参考数据
n:1	0:1	n:m
n 个 OSM 建筑物轮廓对应 1 个参考数据	0 个 OSM 建筑物轮廓对应 1 个参考数据	n 个 OSM 建筑物轮廓对应 m 个参考数据

OSM 建筑物表示参考数据的简化版本。大部分建筑物都匹配得很好，匹配结果也通过实验进行了分析。然而，某一数据集中的单个建筑物可能对应另一数据集中两个独立的建筑物，如图 8-8 所示。

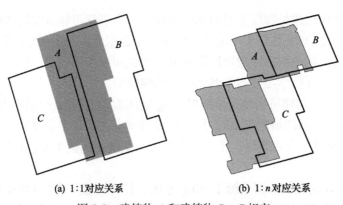

(a) 1:1对应关系　　　　　　(b) 1:n对应关系

图 8-8　建筑物 A 和建筑物 B、C 相交

在图 8-8(a)中，建筑物 A 很明显是与建筑物 B 相匹配的，但在图 8-8(b)中，建筑物 A 同时对应建筑物 B 和建筑物 C；然而，这两种情况在重叠方法中都看成 1:n。这种情况可以通过在细化步骤中对两个数据集中的多边形进行面积叠加分析来解决。如果相加多边形面积与另一个数据集中对应多边形面积的差异小于阈值 T_0(式(8.23))，那么它们匹配为 1:n 的关系。否则，形状精度会用来计算识别对应的建筑物，以图 8-8 为例，如果满足

$$\frac{\left(\text{Area}_B + \text{Area}_C\right) - \text{Area}_A}{\text{Area}_A} < T_0 \tag{8.24}$$

那么建筑物 A 会匹配成建筑物 B 和建筑物 C；如果不满足，将会分别计算建筑物 A 和建筑物 B、建筑物 A 和建筑物 C 之间的形状相似度。当 $simAB$ 大于 $simAC$ 时，建筑物 A 与建筑物 B 匹配。

当评价数据质量时，将研究区域划分成规则的网格是必要的，如正方形、三角形或六边形的规则网格单元，这样每个网格单元就看成一个样本。在该预处理步骤中，深度自编码网络用来学习数据特征和分析建筑物数据质量，这种划分方法增加了样本的数据量，避免了深度学习的过度拟合问题。此外，在不同的数据集中搜索建筑物时，划分研究区域会大大减少计算量[60]。OSM 是一种由许多志愿者提供的数据类型，而且每个人可能只能贡献很少的数据。因此，以一个网格单元进行评价比将整个数据作为一个整体进行评价更有效。

不同的划分技术可能会导致不同的样本，这将会影响评估结果的细节。网格单元尺寸越小，会产生越细节的评估结果，同时也会产生越大的样本量，这样可以训练一个更稳定的模型。与六边形网格单元的研究区域相比，方形和三角形提供了更完整的覆盖范围[174]；这个形状同时与相邻的网格单元共享更多的边缘，将会产生更平滑的评估结果。

在建筑物分割成多个部分以产生多个错误匹配的情况下，只有当一个建筑物的质心位于某个网格单元时，这个建筑物才属于这一个网格单元。另外，如果质心位于两个划分单元的公共线上，那么建筑物属于质心点左边或上边的单元。为了确保两个数据集中对应的建筑物分在相同的单元中，通过建立缓冲区包含相邻单元去识别匹配目标。如图 8-9 所示，建筑物 a 属于现有的单元 A，八个与单元 A 相邻的单元用前面提到的方法来参与识别另一数据集中对应的建筑物 a'。

如果建筑物的部分根据分割线分到不同的网格单元中，将通过不同情况讨论解决这个问题(图 8-10)。如果分离结构的建筑物在另一个数据集中对应的是一个合并的建筑物(图 8-10(a))，不论分离结构是一个整体的复合多边形还是分离的独立多边形，这些分离的建筑物将会调整到同一单元中，该单元是合并结构建筑物所在的网格单元。相反，若一个数据集中分离结构的建筑物在另外一个数据集中对应的建筑物也是分离的(图 8-10(b))，同时其是一个整体的复合多边形，则这些分离的建筑物将会调整到同一单元中，该单元是面积占比大的网格单元；如果分离部分是单独的建筑物表示多变形，那么每个分离的部分会被当成单独的建筑物来计算，因为它们在物理上是分开的。

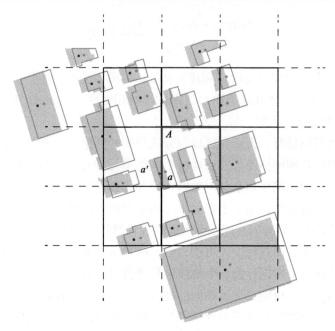

图 8-9　缓冲区搜索匹配对象

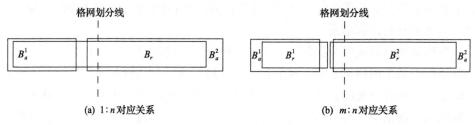

(a) $1:n$ 对应关系　　　　　　　　　　(b) $m:n$ 对应关系

图 8-10　寻找对应匹配建筑物

2. 实验验证与分析

为了验证提出的模型能够准确、综合地对 OSM 建筑物数据质量进行评价，选取加拿大多伦多市的官方地图和 OSM 数据作为实验数据，实验中官方数据作为参考数据。参考数据收集于 2014 年，由城市规划和市政财产评估公司(City Planning and the Municipal Property Assessment Corporation)编制，建筑物精度为 ±1m。此外，OSM 数据收集于 2015 年，该数据表现出平均偏移量为 4.13m，这表明 Bing 地图图像的精度为 3～4m[23]。多伦多市位于加拿大的东南部，它是该国最大的城市，在参考地图上拥有超过 400300 个建筑物。OSM 和参考地图的多伦多市边界大小相同，然而 OSM 中只有接近 40000 个建筑物(图 8-11)。本节将讨论如何训练一个深度自动编码网络，并设置必要的参数。此外，还根据质量评价结果对不同的数据划分方法进行比较。

(a) 对应区域实际谷歌影像

(b) 对应区域参考数据

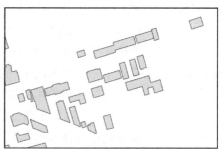

(c) 对应区域OSM数据

图 8-11　多伦多市部分数据

　　在实践中，相邻建筑物(如共享公共边界的建筑物)可以描述为详细表达地图的单个对象。假如地图是一个近似的表达，那么一些相邻建筑物可能表达成一个合成对象。因此，从 OSM 和参考地图中建筑物的数量差异来看，相邻建筑物的出现是很明显的，它们不仅有 1:1 的关系匹配，还有 $m:1$ 的关系匹配。图 8-12 说明了 OSM 数据集和参考数据集之间关系类型的比例。

　　在计算因子之前，在多伦多市的 OSM 和参考地图上都划分网状栅格。不同大小和样式的网格单元可能会导致不同的结果。使用几何方法，地图可以划分成正方形或六边形。因此，本节分别将地图划分成边长为 200m、100m 的正方形单元和边长为 150m 的蜂窝六边形单元。在实验的最后，对使用不同单元的样式获得的结果进行比较。

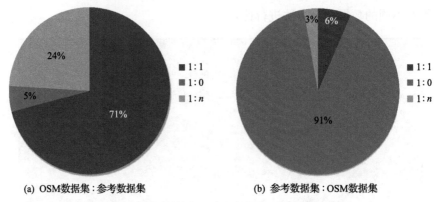

(a) OSM数据集：参考数据集　　　　　(b) 参考数据集：OSM数据集

图 8-12　OSM 数据集和参考数据集对应关系比例图

OSM 和参考地图中根据相同的网络方法划分出的网格单元会用相同的 ID 进行标记，然后利用它们来计算评价因子。将 OSM 数据集和参考数据集进行划分与匹配。每个网格单元都要计算评价因子，当使用边长为 200m 和 100m 的正方形单元以及边长为 150m 的六边形单元时，覆盖研究区的单元分别有 22049 个、8634个、10412 个。

随后，采用 8.2.1 节描述的方法，逐一计算数据完整性、位置精度、形状精度、方向一致性和语义精度等各项因子。在位置精度的计算中，将精度归一化为[0,1]。另外，形状精度描述了每个单元内不同数据集中对应建筑物的平均相似性，因此必须首先计算每个匹配对之间的相似性。

通过这种方法，每对网格单元都将对 8.2.1 节中描述的五项因子进行评价，且将每对网格单元的评估作为样本点，其中形状精度表示为单元内各个建筑物的平均值，位置精度、方向一致性也是如此，样本数量与单元数量相同，且每个样本点包含五维数据。例如，当地图用 100m×100m 的单元划分时会有 22049 个样本。实验时，这些样本作为深度自编码网络的输入数据，经过编码和解码之后，建筑物表示的质量得到综合评价。

网络结构对任何一种稳定的网络都是至关重要的，因为它包含自编码网络的深度、每一层的节点数量和其他属性。同时，网络还有许多参数，如两层间的权重、每层的偏置项和学习率等。在预训练和微调中适当地初始化这些参数对保证网络的性能是很重要的。

在给定样本数量的情况下，深度自编码网络在增加隐藏层时可能会表现不佳。在这种情形下，通常需要增加神经元，使得模型的数学公式有附加的参数，这样它就能提供更多的自由度来拟合模型，但这可能导致网络过度拟合[175]。考虑到这些因素，本节在深度自编码网络中将堆叠三个 CRBM(图 8-3)。

在设置深度自编码网络内隐藏层的数量之后，应该确定每层适宜的大小。若隐藏层具有较少的单元(如较小的层大小)，则模型将具有更少的资源来学习训练样本的群体特征。然而，添加更多的隐藏单元意味着使用更多的参数，这可能会导致过度拟合[164]。本节比较了三种不同的结果，分别是在层的数量增加时，隐藏层大小增加(双倍)、减少(减半)或保持不变的情况(图 8-13)。当隐藏层大小随其层数的增加而减少时，重构误差减小，深度网络自编码表现最佳。基于上述讨论和实验分析(图 8-13)，层大小的数量设置为 70。由于深度自编码网络呈现对称结构，实验中建立了 40-20-10-20-40 的深度自编码网络。

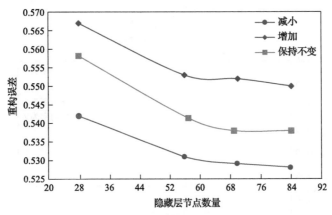

图 8-13　重构误差随着隐藏层节点数量的变化图

在训练网络之前，必须初始化一些参数，如权重、偏置项和用于提高学习速率的动量。权重为标准偏差为 0.01 的零均值高斯小数，隐藏偏置项设置为零。用于控制式(8.12)中 sigmoid 函数斜率的参数 a_j=0.1。此外，在学习开始时，随机初始参数值可能会导致梯度较大，因此最好设置低动量。然而，一旦重构误差稳定下来，动量就应该增加。根据文献[164]的建议，动量应该初始化为 0.5，当重构误差稳定时，动量应该增加至 0.9。

在预训练阶段和优化阶段设置学习率对训练模型有非常重要的作用，因为权重和偏置项更新时，学习率控制增量的大小。过大的学习率可能会导致重构误差显著变化和权重的显著增加。此外，在学习率降低的同时，重构误差也在下降[53]。然而，如果学习率在足够大时重构误差还在不断增加，那么训练模型可能会变得过度拟合[184]。根据图 8-14(a)，在 CRBM 的预训练阶段，学习率设为 0.15，并用同样的方式在优化阶段设置合适的学习率为 7(图 8-14(b))。权重的微小差异不太可能在性能上造成大的区别。根据 Hinton[164]的建议，训练 CRBM 期间的权重设置为 0.0001，这个数值是学习率惩罚项，用来优化权重变化。

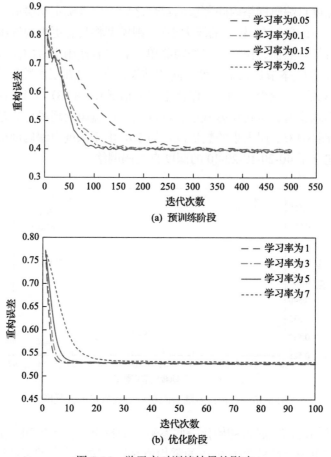

(a) 预训练阶段

(b) 优化阶段

图 8-14　学习率对训练结果的影响

　　为了保证式 (8.23) 和式 (8.24) 中的阈值 T_0 是合适的，分别从 OSM 数据集和参考数据集中随机选取若干个对应的建筑物，并分析阈值如何影响匹配建筑物的数据完整性。一个不适当的阈值可能会导致一个数据集中的某个建筑物与其对应建筑物的不匹配或无法在另一数据集中找到匹配建筑物。经过灵敏度分析 (图 8-15)，实验中将阈值设置为 30%。图 8-15 表明建筑物较小时，数据完整性通常较低。这是因为密集区域内的一些较小建筑物在 OSM 数据集中几乎不会被数字化和出现。

　　前面提到的所有评价因子的综合指数均在[0,1]内，因此式 (8.12) 中的 θ_L 和 θ_H 分别设为 0 和 1。在初始化深度自编码网络的结构和参数之后，经过 500 次迭代对网络进行训练。随后，用训练的网络对样本进行编码，并利用每个样本的归一化重构误差来评价 OSM 建筑物表示的质量 (图 8-16)，其中每个网格单元视为一个样本点。

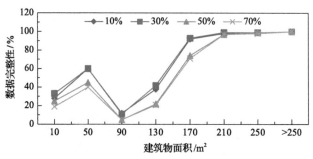

图 8-15　不同阈值对数据完整性的影响

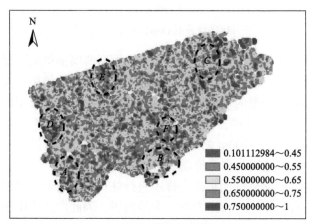

(a) 200m×200m正方形

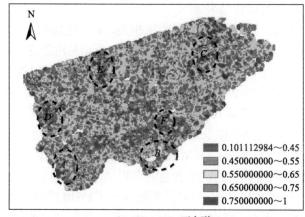

(b) 100m×100m正方形

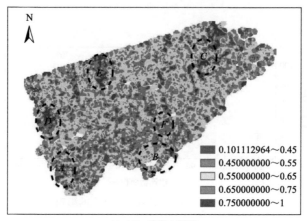

(c) 150m蜂窝六边形

图 8-16　不同网格划分下 OSM 建筑物数据质量评价结果

　　讨论方法是基于网格单元的，不同大小和类型的网格单元可能会导致不同的结果：小的划分单元会比大的划分单元提供更详细的评价结果，而六边形单元会产生比正方形单元更平滑的结果。为了验证以上结果，通过对使用正方形划分的和六边形划分的不同单元进行比较，发现在所有情况下都具有一致的质量分布（图 8-16）。然而，100m×100m 的正方形单元比 200m×200m 的正方形单元得到更精细的质量分布，这是因为在评价质量时，前者将 10000m² 的面积作为样本进行处理，而后者将 40000m² 的面积作为样本进行处理。六边形可以组装成类似于地球的球体，并具有比相同边长正方形更大的面积，因此广泛应用于地图划分，同时有益于结果的连续性（图 8-16(c)）。蜂窝六边形具有更多的邻域（边缘），会比正方形单元产生更平滑的评价结果。

　　OSM 数据的质量与一系列的因素紧密相关，如环境影响、人口密度、数据采集设备和其他因素等[176]。OSM 数据质量的分布不均是由于许多贡献者多为发达地区提供数据，而不是为发展中地区提供[177]。这个假设可以通过对多伦多市的 OSM 数据质量分布特征来说明（图 8-16）。例如，图 8-16 中城市中心数据质量相对较高，如埃托比科克（图 8-16 中 A 区域）、多伦多市中心（图 8-16 中 B 区域）和斯卡伯勒（图 8-16 中 C 区域）以及多伦多会议中心附近的地区（图 8-16 中 D 区域），而其他郊区的质量较差。此外，OSM 建筑物的表示质量图（图 8-16）也与人口分布有关。VGI 的专家和培训过的贡献者通常会提供高质量的志愿者数据[178,179]。约克大学附近的地区（图 8-16 中 E 区域）清晰地展示了 OSM 地图上良好的表示质量。地理环境也与 OSM 数据质量密切相关，由深度自编码网络评估的结果显示，由于存在山和植物，下堂公园（Lower Don Parkland）附近区域（图 8-16 中 F 区域）的数据质量较差。

　　为了以不同的质量度量因子形式解释评价结果，通过单独使用某个度量因子和去掉该度量因子来评价其对评价结果的影响(图 8-17)。研究结果表明，数据完整性对评价结果有最重要的贡献，因为 OSM 数据的完整性具有质量分布的区域特征。而形状精度影响最小，这是由于大多数建筑物都是基于 Bing 地图绘制或者其他测量数据得到的，在形状上 OSM 数据与官方参考数据表现出极高的相似度。大部分建筑物都有良好的方向一致性，这有助于改善某地区的地图制图结果。位置精度和语义精度具有一定的随机性，有助于详细调整评价结果。

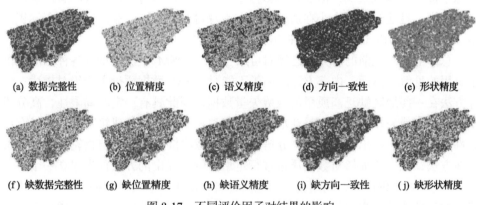

(a) 数据完整性　　(b) 位置精度　　(c) 语义精度　　(d) 方向一致性　　(e) 形状精度

(f) 缺数据完整性　　(g) 缺位置精度　　(h) 缺语义精度　　(i) 缺方向一致性　　(j) 缺形状精度

图 8-17　不同评价因子对结果的影响

　　通过对实验结果的分析，可以全面客观地评价不同方法的实用性，如图 8-16(a)中 A 区域两个单元的五项评价因子分别是(1,0.5048, 0.6726, 0.952, 1)和(1,0.9204, 0.6011, 0.8494, 1)。该方法可以评价第一个单元的质量为 0.7339，第二个单元的质量为 0.8297。此外，本节采用的方法引入方向一致性来评价数据质量，因为它有利于分析方向不一致的情形，如参考数据集中的某个建筑物面朝正北(0°)，而 OSM 数据集中对应的建筑物朝东偏北 5°。在这种情况下，其他可用方法的有效性可能存在限制。在匹配的实验期间，可能会出现类似于图 8-8 的情况，其中只通过重叠可能会导致误匹配。因此，本节通过过滤和细化来匹配相应的建筑物。

　　一个最优的网络由许多因素决定，如操作参数和网络结构。权重和偏置项参数跟之前的研究成果推荐一致，通过使用方差为 1、均值为 0 的高斯分布进行初始化，并通过观察重构误差，设计最优的学习率、网络结构和迭代次数参数。本节认为，当重构误差达到最小且稳定时，学习率、网络结构和迭代次数是最优的。此外，使用的自编码器是基于概率学习数据特征的，用于数据质量评价的网络输入数据的每一个度量因子都应该是独立的。因此，介绍了五项评价因子。

8.3　基于遥感影像数据 VGI 数据智能评价

从遥感影像中提取对象(如建筑物、道路和树木)可以使用二值分类或多分类的方法解决[180]。在过去的几年中,深度卷积网络被认为是从图像中提取信息的有力工具[181,182]。从影像中提取像素级的目标在遥感领域得到越来越广泛的应用。这些方法使提取目标的结构和特性变得可能[183]。虽然大部分物体可以在高分辨率影像中被清楚地观察到,但在遥感影像中,一些物体的边界仍然被阴影影响从而变得模糊,且建筑物的大小在遥感影像上表现得各不相同,这使得通过全卷积网络(fully convolutional network,FCN)提取建筑物变得困难[184]。

总体上说,先前的研究者已经对可用于评价 OSM 数据质量的各种方法提供了有用的见解。然而,内部方法的因子不能对 OSM 数据质量进行绝对描述;外部方法在一些地区缺乏高质量的权威矢量数据,因此具有一定的局限性,高分辨率影像比权威矢量数据更容易获取。受深度卷积网络在影像建筑物提取中具有良好性能的鼓舞,提出一种利用高分辨率遥感影像评价 OSM 建筑物轮廓数据质量的新方法,该方法能够对数据质量进行定量评价。提出的方法首先建立一个多任务 Res-U-Net(MRUN),利用影像和地面真实数据作为输入对 MRUN 进行训练;然后通过训练模型提取研究区域内建筑物并进行一系列的后处理,生成具有地理坐标的多边形,这些多边形可以用来表示建筑物的轮廓。由于在评价 OSM 建筑物轮廓数据质量时,数据完整性起巨大作用,而且基于高分辨率遥感影像提取的结果边界不能够完全和矢量数据等同。此外,提取的结果缺乏语义信息。因此,定义本地和全局数据完整性,以便从两个方面评估 OSM 数据完整性;同时,提出不同位置精度计算方法,使评价方法更加全面。

8.3.1　高分遥感数据处理与训练集构建

为了更精确地评估 OSM 的建筑物数据,数据预处理是基于高分辨率遥感影像目标、通过提取结果进行数据质量评价的重要前提。本节数据预处理包括对原始 OSM 建筑物轮廓进行预处理、通过高斯平滑去除原始图像中的噪声、为深度卷积网络准备训练数据集。

1. 数据预处理

卫星数字影像包括数字地球、谷歌地图,Bing 地图等,都用于 OSM 制图。大多数 OSM 建筑物轮廓都对影像进行了数字化。同时,也有一些地区的开放地理数据已经导入 OSM 中。使用 GPS 测量仪对建筑物进行人工测量也视为 OSM 的来源。然而,OSM 的质量与图像的分辨率、数字处理及 GPS 的性能表现相关,这些问题可能导致 OSM 数据有偏差。例如，现实中的几个建筑物可能会被视为 OSM 中的一个建筑物(图 8-18(a)中的 A 区域)，反之也有可能出现图 8-18(b)中 B 区域的情况。此外，OSM 数据通过创建新目标、修改现有目标和删除冗余或错误目标等操作每天更新[186]。因此，OSM 数据中的一些建筑物可能与参考数据中的建筑物没有完全对应(图 8-18(b)中的 C 区域)。

(a) OSM数据与参考数据对应关系为1:n　　　　(b) OSM数据与参考数据对应关系为m:1

图 8-18　OSM 和遥感影像的关系

此外，将从遥感影像中提取的结果作为参考数据集，若两个建筑物拓扑相邻，则很难通过遥感影像分别识别它们，并且它们将作为一个整体被提取。如上所述，OSM 数据和参考数据之间存在多种匹配关系，主要包括 OSM 中的一个多边形轮廓对应参考地图中的一个多边形轮廓(1:1)、OSM 中的一个多边形轮廓对应参考地图中的多个多边形轮廓(1:m)、OSM 中的多个多边形轮廓对应参考地图中的多个多边形轮廓(n:m)等情况[22]。另外，由于 OSM 建筑物数据是城市志愿者提供的，之后任何人都可以编辑数据，可能有一些建筑物轮廓会与其他的相重叠，但这种情况在事实中不可能存在。因此，在匹配之前，需要解决 OSM 建筑物数据中的一些拓扑错误问题。

对于原始遥感影像，一些人工干扰通常出现在遥感影像的三波段可见光数据中，而图像中的每个像素都与其周围的所有像素有关。因此，为了从损坏的图像中去除这些椒盐噪声，在处理每个波段(红色、蓝色和绿色)之前应用高斯滤波器来模糊图像。滤波函数用于使图像模糊，计算公式表示为

$$G(x,y) = \frac{1}{2\pi\sigma^2}\left[-\frac{1}{2\pi\sigma^2}\left(x^2 + y^2\right)\right] \tag{8.25}$$

其中，$G(x,y)$ 为循环对称函数。

图像 $I(x,y)$ 的模糊结果可以写为

$$H(x,y) = I(x,y) \otimes G(x,y) \tag{8.26}$$

其中，$H(x,y)$ 为模糊结果；符号 $\otimes$ 为卷积操作。

2. 构建建筑物提取训练数据集

若将整个研究区域的遥感影像作为深度网络的输入来提取建筑物，则需要学习许多参数，这会导致计算机内存空间不足。因此，本实验将 OSM 和遥感影像划分成单元，在单元中评价质量比在整个数据中更有效，将每个具有像素为 650×650 的单元作为样本。遥感影像单元仅对应 OSM 中的一个单元，并且具有相同的 ID。通过每个单元的数据完整性和定位精度来定量评价 OSM 的质量。

MRUN 是一个监督模型，因此训练 MRUN 模型时，输入数据包括遥感影像和标签数据。为了使提出的模型更精确地检测建筑物和识别各种不同类型的建筑物，在不同图像尺度上训练两个具有不同任务的卷积神经网络。因此，准备两个数据集来训练模型，其中一个数据集是通过将原始图像缩放到一半的尺度而获得的，另一个数据集是通过对原始图像进行裁剪而获得的。并对地面真值数据执行相同的操作。

8.3.2　基于多任务特征学习参考建筑物数据提取

研究如何利用高分辨率遥感影像作为参考数据来定量评估 OSM 建筑物数据。为了实现这一目标，必须将从影像中提取的建筑物像素转换为可以用来评价 OSM 数据质量的矢量建筑物轮廓。由于 OSM 建筑物数据具有地理坐标，为了匹配 OSM 建筑物与遥感提取结果，需要根据原始遥感影像信息，通过对应关系将提取结果的像素坐标转换为地理坐标。

1. 多任务特征学习的深度卷积神经网络构建

采用设计的多任务深度卷积神经网络从遥感影像中检测建筑物轮廓，以评价 OSM 的质量，包括两个步骤：首先，将两个不同尺度的深层卷积神经网络的像素级预测结果进行组合，得到新的预测结果；然后，需要对结果进行后处理，即将预测的像素级结果转换为具有地理坐标的多边形，并将其视为建筑物轮廓。小于阈值的多边形面积将被移除，因为现实中只有极少数小型建筑物，从遥感影像提取的结果中会有一些像素级的噪声。

深度卷积网络已经显著提高了图像处理性能。此外，研究者还为各种应用引入了深度卷积神经网络，从整体图像分类[185]到计算机视觉中的像素分类。深度学习是遥感领域中的新工具，已用于自动构建地理本地化语义类（如建筑物、不透水

层和植物)[186]。为了更准确地提取遥感影像中的建筑物,以便对 OSM 质量进行评价,提出一个多任务模型,定义为 MRUN 的模型(图 8-19),该模型是基于 ResNet 架构的扩展模型[187]。

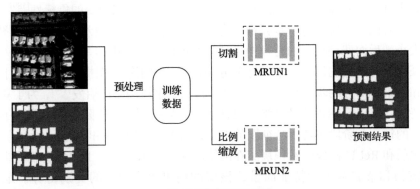

(a) 多任务特征学习模型

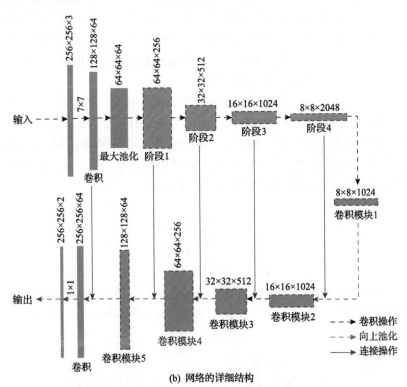

(b) 网络的详细结构

图 8-19　使用的多任务特征学习网络

采用文献[188]的方法来训练 MRUN,这种方法因为具有通过少量的训练数据保留分割精度的能力而出名。MRUN 网络由两部分组成,即上采样部分(图 8-19(b)

上面)和下采样部分(图 8-19(b)下面)。上面是 ResNet,用于提取输入数据的特征,将输入层修改为采用输入数据对应的通道数。输入层之后就是归一化层和最大池化层。网络中的激活层包含一个激活函数 ReLU 和一个 2×2 的最大池化操作,并使用其来进行下采样,它们提高了网络对于小目标和形状畸变的鲁棒性[189]。特征提取阶段有四个步骤,每个步骤都包含几个残差块。相同残差块中的特征图有相同的大小,后面残差块中的特征图尺寸只有前面残差块中的一半,不同残差块中的特征图具有不同的尺寸。下采样部分的目标是使用特征图提取建筑物,下采样部分和上采样部分的步骤是对称的。受到特征金字塔网络的启发[190],为了获得多尺度特征,在深度卷积神经网络中设计了与上采样部分对应阶段的级联。下采样部分中的每一个阶段包含了特征图的下采样,即一个级联块和一个由 3×3 卷积层、归一化层和 ReLU 构成的卷积块。在网络的末端,添加一个 1×1 的卷积层提取分为建筑物和杂波两类的特征向量,该层的输出表明像素的类别得分。最后是 Softmax 层,用来计算分类的结果。深度卷积神经网络采用 ResNet 作为特征提取器,解决了层数增加时特征提取的退化问题,有利于提取压缩部分中的特征。下采样部分的级联能够学习多个尺度和不同级别的特征,这提高了网络的鲁棒性,并提高了建筑物提取的精度。Softmax 层的输出是具有通道的概率图,它给出了建筑物和杂波在每个像素之间的分类结果。

　　本节目的是从遥感影像中尽可能准确地提取建筑物,并使用提取的结果评价 OSM 中建筑物数据的质量。由于该方法是为了提取单个物体(建筑物),图像的像素分为建筑物和非建筑物。因此,二值分类是一个不错的选择。训练网络时,梯度下降法[191]用于将能量函数最小化。网络中的能量函数由 Softmax 和交叉熵定义[188],其中 Softmax 用于计算概率,其定义为

$$p_i = \frac{\exp(a_i)}{\sum\limits_{k=1}^{K} \exp(a_k)} \tag{8.27}$$

其中, a 为模型中最后一个卷积层的输出值; K 为类的数量,因为实验目标仅是建筑物和非建筑物,所以实验中 K 设定为 2; p_i 为样本属于 i 类的概率。

　　能量函数定义为

$$E = -\frac{1}{N}\sum_{n=1}^{N}\sum_{i=1}^{K}\Big[y_i^n \ln p_i^n + \big(1 - y_i^n\big)\ln\big(1 - p_i^n\big)\Big] \tag{8.28}$$

其中, N 为训练数据集中的样本数量; y 为期望输出; p 为式(8.27)提到的概率。

　　大尺度图像有助于提取局部信息,而小尺度图像具有提取整体信息的能力。

MRUN 的最终结果是由两个尺度的结果相结合得到的,从而揭示了多尺度和多层次的特征,提高了网络的鲁棒性。因此,OSM 建筑物数据的质量评价变得更加精确和客观。

2. 基于指导滤波优化建筑物像素级提取结果

为了对深度学习所提取的建筑物进行微调,引入由 He 等[192]提出的引导滤波器。像双边滤波器一样,它是一种边缘保持平滑技术。由于输入图像(引导图像)的引导,滤波结果更加结构化且平滑较少。在细节方面,引导滤波器比双边滤波器更好且更有效[192],这使得它广泛应用于计算机视觉和图形领域[193]。引导滤波器认为引导图像和滤波结果之间存在局部线性模型,从而有利于优化建筑物目标分类。

引导滤波器包括两个输入图像,分别为引导图像 I_c 和滤波图像 I。滤波输出 O 假定为窗口 w_k 中 I_c 的线性变换:

$$O(i) = a_k I_c(i) + b_k \tag{8.29}$$

其中, a_k 和 b_k 为窗口 w_k(窗口大小为 $w \times w$)内引导图像 I_c 与滤波输出 O 之间的线性变换系数。它们的计算公式为

$$a_k = \frac{\frac{1}{w^2} \sum_{i \in w_k} I_c(i) I_{in}(i) - u_k \overline{p}_k}{\sigma_k^2 + \varepsilon} \tag{8.30}$$

$$b_k = \overline{p}_k - a_k u_k \tag{8.31}$$

其中, u_k 和 σ_k 为窗口 w_k 内引导图像 I_c 的均值和方差; I_{in} 为滤波图像; $\overline{p}_k$ 为窗口 w_k 内滤波图像 I_m 的均值;常数 ε 控制引导滤波器的模糊度。因为像素 i 与覆盖它的所有窗口有关系,所以将 $O(i)$ 表示为

$$O(i) = \overline{a}_i I_c(i) + \overline{b}_i \tag{8.32}$$

其中, $\overline{a}_i$ 和 $\overline{b}_i$ 为覆盖像素 i 所有窗口系数的平均值。简单起见,可以将方程重写为

$$O = G(I_{in}, I_c, w, \varepsilon) \tag{8.33}$$

为了去除椒盐噪声,原始图像当成优化边界的引导器。由引导滤波器直接微调的结果将导致所提取的建筑物在输出结果中过于平滑。然而,建筑物地图应该是二进制的,且在现实中,边界的像素是梯度变化的。因此,在过滤过程中设置阈值。如果该像素值大于阈值,它将设置为 255,即表示建筑物;否则,它等于

零，即表示杂波。

3. 参考矢量建筑物数据生成

将遥感数据分为建筑物像素和非建筑物像素后，需要进行若干操作以便将结果用于评价数据质量。首先，将栅格数据的结果转换为矢量多边形(图 8-20)，这一步骤可以借助 GIS 工具(如 ArcGIS 和地理空间数据抽象库(geospatial data abstraction library, GDAL))来完成，也有许多其他关于矢量数据转换的成功算法；然后，引入一个阈值来去除一些面积较小的多边形。

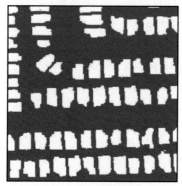 

(a) 预测的建筑物像素　　　　　　　　(b) 多边形和原始图像

图 8-20　基于深度学习检测到的建筑物像素并生成候选多边形

OSM 建筑物数据具有地理坐标，因此提取的多边形不能直接用于质量评价，因为它们是由像素坐标表示的。因此，需要进行变换来转换坐标系。为了从像素坐标转换为地理坐标，输入 MRUN(带有地理坐标的原始遥感影像)作为参考数据。参考数据具有地理坐标，且与提取结果相对应，因此可以按照左上角地理坐标的像素宽度、像素高度和角度进行转换，表示为

$$x\text{Coord} = (x\text{Pix} \times \text{PixW}) + x\text{Origin} \tag{8.34}$$

$$y\text{Coord} = (y\text{Pix} \times \text{PixH}) + y\text{Origin} \tag{8.35}$$

其中，$(x\text{Coord}, y\text{Coord})$ 为地理坐标；$(x\text{Pix}, y\text{Pix})$ 为对应的像素坐标；$(x\text{Origin}, y\text{Origin})$ 为参考栅格的左上角地理坐标；PixW 和 PixH 分别为像素宽度和像素高度。

8.3.3　VGI 建筑物数据完整性与位置精度评估

前面已经提取了建筑物轮廓结果，但是为了使用参考数据定量评价 OSM 的建筑物数据质量，需要定义和计算一些绝对的质量因子。在计算质量因子之前，

OSM 中的建筑轮廓必须与提取的结果相匹配。然后，利用定义的评价因子来定量评价匹配建筑物数据质量。

经过 8.3.2 节所述进行预处理后，OSM 中的建筑物轮廓通过重叠与相应的提取结果相匹配。这是一种基于提取结果和 OSM 数据之间的重叠面积是否大于或小于阈值 T_0 的方法[173]。若一对建筑物轮廓相互匹配，则满足式(8.23)的标准。

为了全面、精确地基于遥感数据提取结果进行 OSM 建筑物数据质量评价，使用以下几个因子(包括数据完整性和位置精度)，下面将对评价因子进行一一描述。

1)全局数据完整性

全局数据完整性是缺乏数据的一种度量，它描述了期望发现或应该包括在数据集中但缺少的数据。引入 TP 和 FN，其中 TP 是 OSM 和提取结果之间的匹配轮廓，FN 属于所提取的结果，但在 OSM 中没有找到对应的数据。因为 OSM 数据经常更新，所以 OSM 中的建筑物轮廓数据在提取的结果中也可能没有对应的匹配数据，将这些建筑物数据视为 TP，全局数据完整性计算为

$$GC = \frac{TP}{TP + FN} \tag{8.36}$$

2)局部数据完整性

局部数据完整性用于描述建筑物是否完整，该方法利用 OSM 中建筑物和提取结果的匹配比例计算局部数据的完整性。从遥感影像中提取的建筑物轮廓可能受到建筑物附近树木的影响，面积可能小于实际面积，并且 OSM 的数据更新很快。因此，若 OSM 建筑物面积大于相对应的提取建筑物面积，则本工作假定该建筑物是完整的。为确保局部数据完整性属于[0,1]，当 OSM 建筑物面积小于提取的建筑物面积时，按照 OSM 数据和参考数据的百分比进行评价；当 OSM 建筑物面积大于提取的建筑物面积时，则视为一个完整的建筑物，表示建筑物是完整的(值为 1)。局部数据完整性的计算公式为

$$LC = \frac{Area_{OSM}}{\max\{Area_{OSM}, Area_{RS}\}} \tag{8.37}$$

其中，RS 为遥感影像。

3)基于质心距离的位置精度

利用位置精度评价 OSM 中建筑物相对于遥感影像的地理位置误差。该方法首先对每对匹配的建筑物轮廓中心进行计算，并将每对匹配的建筑物轮廓的位置精度表示为 OSM 数据与参考数据之间相应建筑物的质心距离，基于质心距离的位置精度计算公式为

$$PAC = dis(CO, CF) \tag{8.38}$$

其中，PAC 为基于质心距离的位置精度；CO 和 CF 分别为 OSM 中和遥感影像中提取的建筑物之间相对应建筑物轮廓的中心。

4）基于区域重叠法的位置精度

与以多边形为点的质心法计算的位置精度相比，通过区域重叠法计算的位置精度通常采用的是两个多边形相交面积与并集面积之比：

$$PAO = \frac{Inter\big(Area(A,B)\big)}{Union\big(Area(A,B)\big)} \tag{8.39}$$

其中，PAO 为基于重叠距离的位置精度；Inter 和 Union 分别为 OSM(A)中与遥感影像(B)中提取的建筑物之间相应建筑物轮廓重叠的相交面积和并集面积。

8.3.4　案例分析

为了验证基于高分辨率遥感影像数据对 OSM 建筑物数据质量评价的可行性与准确性，选取美国的拉斯维加斯（图 8-21）地区数据作为研究对象。Digital Globe 公司的地面取样分辨率高达 30cm 的 WorldView-3 卫星的高分辨率遥感影像用来证实提出的方法。数据集包含 OSM 建筑物数据和八波段的多光谱数据。该 OSM 数据集收集于 2018 年，可以从 OSM 网站下载。选择拉斯维加斯为研究区域的原因有三点：第一，这项工作主要研究如何使用高分辨率遥感影像来评价 OSM 数据的质量，而拉斯维加斯的遥感影像数据集是公开的；第二，拉斯维

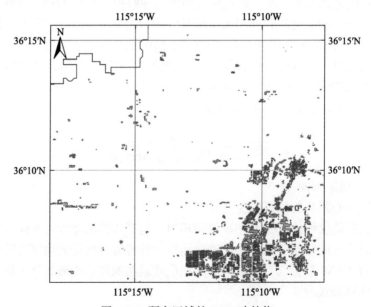

图 8-21　研究区域的 OSM 建筑物

拉斯的研究区域涵盖了商业区和居民区，这可以有力地证明所提出的方法适用于所有的土地利用范围；第三，在某些缺乏 OSM 数据的区域，可以验证提取到的建筑物能够作为 OSM 数据的补充。作为美国知名的城市，拉斯维加斯位于该国的西南部。在 OSM 地图上大致有 4003 个建筑物。很明显，OSM 上建筑物的数量比实际的少，这就意味着有些建筑物被遗漏了（图 8-22 的 A 区域），或者有些建筑物不完整（图 8-21 的 B 区域）。

图 8-22 OSM 数据与高分辨率遥感影像的比较

在数据预处理阶段，通过 Python 成像库（Python image library，PIL）对所有三原色（red green blue，RGB）图像进行模糊处理，以消除椒盐噪声。在模糊过程中，实验高斯滤波器的核大小为 3×3。所有的图像和真实地面数据剪切成 8086 个像素为 650×650（图 8-23）的单元，每 16 个单元视为一批训练网络的样本。实验将所有数据分为两部分，其中 80%用于训练深度卷积神经网络，20%用于评估生成的建筑物。基于图像单元对研究区域的 OSM 建筑物数据进行划分，每个图像单元对应一个 OSM 单元，计算每对图像单元的数据完整性和位置精度，从而实现 OSM 的数据质量评价。

实验中模型通过 50 次迭代进行训练实现模型参数的更新。在这个过程中，需要一个高性能的优化器来最小化能量函数。Adam 作为能量函数的优化器，用于更新权重、偏置项和其他参数。Adam 是最常用的算法之一，在深度学习中得到了广泛应用。该算法是基于低阶矩自适应估计的随机目标函数一阶梯度优化算法。

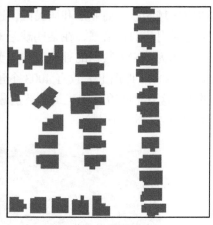

(a) 遥感影像　　　　　　　　　　　　(b) 分类标签

图 8-23　遥感影像深度学习训练数据

　　经过准备好的数据集训练后，MRUN 可以用来预测像素是属于建筑物还是非建筑物(图 8-24)。很明显，无论建筑物的形状如何，该模型都可以提取几乎所有的建筑物来评价 OSM 的建筑物数据质量。但是，这种方法受限于一些小型建筑物(图 8-24(b) 和 (e) 中的圆圈)。

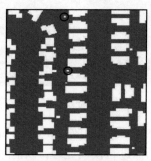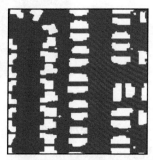

(a) 遥感影像原始图像　　(b) 遥感影像真实地面数据　　(c) 遥感影像从图像中提取的建筑物

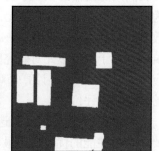

(d) 预测结果原始图像　　(e) 预测结果真实地面数据　　(f) 预测结果从图像中提取的建筑物

图 8-24　遥感影像和预测结果

　　为了根据预测结果评价 OSM 建筑物的数据质量，掩膜转换用来从像素组中生成候选多边形(图 8-25)。该方法所涉及的所有操作都是自动化的，并通过代码实现，包括从遥感影像中提取建筑物，将提取的建筑物像素转换为矢量多边形，然后评价 OSM 数据的质量。实验中使用 ArcGIS 的 ArcPy API 将提取的结果转换为多边形格式。所有这些生成的候选对象都将通过一个阈值进行评估，若面积小于 T，则删除候选对象(图 8-25(b)中的圆圈)。在提取实验中的最终多边形时，阈值 T 设置为 75。

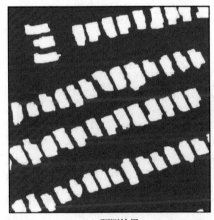
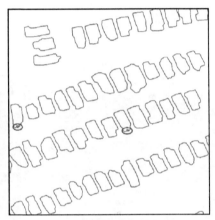

(a) 预测结果　　　　　　　　　　　　　(b) 生成的候选多边形

图 8-25　生成参考数据

　　从每个单元的高分辨率遥感影像中提取建筑物后，该结果需要与 OSM 中的相应结果相匹配，以便通过 8.2 节中定义的定量因子来评价 OSM 数据的质量。将 OSM 和遥感影像分割成若干单元，计算出每个单元的绝对定量因子，包括全局数据完整性、局部数据完整性、基于质心距离的位置精度和基于区域重叠法的位置精度。为了将各种因子转换为相同的单位，将所有度量标准化为[0,1]，较大的度量值表示一个 OSM 单元的良好质量性能。为了直观地显示结果，将反距离加权(inverse distance weight，IDW)用于定量度量评价结果中并生成质量分布图(图 8-26)。有五个度量区间，从绿色到粉色代表从低到高的不同定量结果的可视化。

　　从遥感影像中提取建筑物的精度直接影响 OSM 数据评估结果。本节引入总精度(overall accuracy，OA)来度量所提取的结果，如文献[194]所述。为了在细粒度上评估数据，使用一个测试数据集(1282 个样本)来验证所提出的方法。值为 1 表示模型由 256/650 比例的图像进行训练，值为 2 表示原始比例图像，值为 3 表示集成模型(MRUN)(图 8-27)。由图 8-27 可以看出，总精度达到了 0.9786。由于该模型能够获得多尺度特征，提高了建筑物提取的鲁棒性。因此，提出的性能良好的 MRUN 可以为 OSM 建筑物数据的评估提供可靠的参考数据。

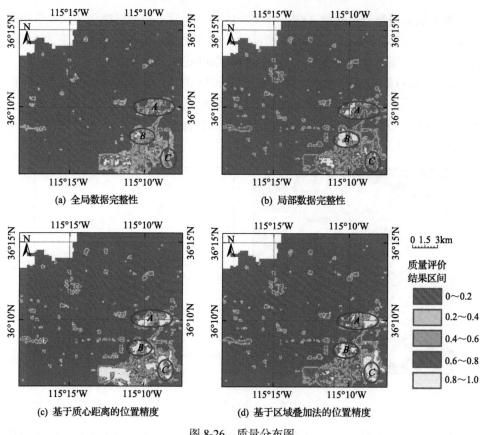

图 8-26　质量分布图

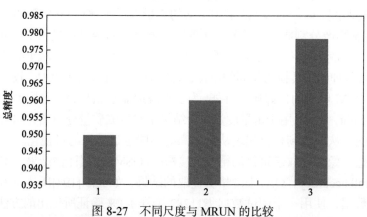

图 8-27　不同尺度与 MRUN 的比较

　　为了验证提出的深度卷积神经网络在遥感场景中提取建筑物的先进性,基于图 8-27 已经对比并得出了多任务结构效果优于单任务结构效果的结论,为了对比的公平性,需要将基于原始比例图像作为输入的网络结构和其他方法进行对比,对比实验数据采用公开遥感数据集，该数据集由国际摄影测量与遥感学会（International Society for Photogrammetry and Remote Sensing，ISPRS）面向大众公开提供。对比实验使用了相同的训练集和验证数据集，与其他方法对比精度结果如表 8-2 所示。提出的 MRUN 对两个数据集中建筑物提取效果上具有很明显的优势。该网络利用 ResNet 提取特征，在上采样部分中起到了很好的作用，解决了网络层增加过程中的反向传播误差退化问题。在不同的块中，具有多个尺度的扩展连接，有助于对不同大小的建筑物进行分类。

表 8-2　提出方法和其他方法在公开数据集的对比结果

数据集	SegNet	FCN	CNN+RF	Mulit-Scale Deep Network	CNN+RF+CRF	MRUN
Vaihingen	0.9078	0.9279	0.9423	0.945	0.943	0.9771
Potsdam	0.9174	0.9127	0.9303	0.9406	0.9392	0.9691

注：SegNet 是一种深度神经网络；CNN 是卷积神经网络；Mulit-Scale Deep Network 是多尺度深度网络；CRF 是条件随机场。

从深度学习神经网络的预测结果中提取多边形时，去除小面积提取多边形的阈值非常重要。如果阈值太大，提取的建筑物就少；相反，一些噪声会被误认为是建筑物。为了得到一个最优阈值，引入 F1 得分对提取结果进行度量，考虑到分类模型的精度和召回，计算公式为

$$F1 = 2 \times \frac{P \times R}{P + R} \tag{8.40}$$

其中，P 为精度；R 为召回。P 和 R 都可以通过累积混淆矩阵来计算。将阈值从 30 一直增加到 235，每 5 步增加一次，并计算 F1 得分（图 8-28）。显然，当阈值为 75 时，它获得了最佳性能。

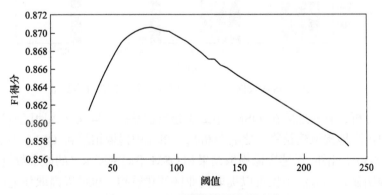

图 8-28　F1 得分随阈值增加的变化

OSM 建筑物数据的质量与许多因素相关[176]，研究区域内的人口密度和数据

采集设备起重要作用(例如,拉斯维加斯和皮尔斯的人口密度相对较高,数据采集设备较多)。由于 OSM 中的一些建筑物是从遥感影像数字化得到的,建筑物的密度也是影响质量的一个不可或缺的因素,因为高密度的建筑物比低密度的建筑物更难数字化,如研究区北部。另外,在大学附近的 OSM 数据质量通常很好,正因为如此,VGI 的专家或经过训练的贡献者通常能提供高质量的志愿者数据。拉斯维加斯内华达大学附近的地区清楚地证明了这一观点。如图 8-26 所示,所有假设都得到了研究区域质量分布特点的检验。

此外,这项工作还分析了不同质量度量区间的样本数量(图 8-29)。由图 8-26 和图 8-29 的结果可以清楚地看出,OSM 中大多数匹配的建筑物在位置精度上具有良好的性能。有超过 85%的匹配建筑物的位置精度(基于质心距离)属于(0.8,1]。也就是说,无论如何在 OSM 中获取建筑物,也不论是从遥感影像中获取还是使用 GPS 记录器对建筑物进行人工测量,它们都具有良好的位置精度。另外,虽然从遥感影像中提取建筑物的像素精度达到了 97.86%,但仍有一些建筑物检测不到,导致提取建筑物的数量比现实中的略低。然而,这个误差很小,检测不到的建筑物往往出现在密集的小建筑物区,因此提取出来的建筑物仍可用来评价 OSM 建筑物数据的质量。

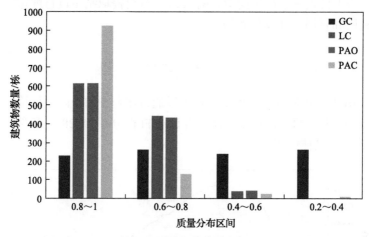

图 8-29　OSM 数据质量评价中不同度量区间的样本数量

通过分析,有些地区在 OSM 中缺乏建筑物数据,但在这些地区通过提出的方法可以清晰地提取建筑物,之后分析每个单元中提取结果和 OSM 中的建筑物密度(图 8-30)。此外,遥感影像提取结果和 OSM 不同密度水平的样本数量如表 8-3 所示。很明显,该方法不仅可以提取商业区的建筑物,也可以提取住宅区的建筑物,还有在 OSM 数据中大量缺乏建筑物的拉斯维加斯西北部地区。另外,提取的建筑物也可以作为计算该地区建筑物数量和密度的数据源。

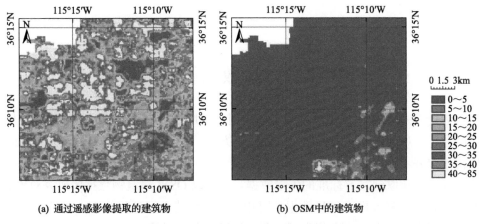

(a) 通过遥感影像提取的建筑物　　　　　　(b) OSM 中的建筑物

图 8-30　拉斯维加斯研究区建筑物密度

表 8-3　遥感影像提取结果和 OSM 不同密度水平的样本数量

方法	0~5	5~10	10~15	15~20	20~25	25~30	30~35	35~40	40~85	> 85
RS	1141	1104	919	737	691	658	677	637	1521	1
OSM	7651	269	91	24	14	8	12	4	12	1

其中，表 8-3 第一行中的区间表示每个样本中的建筑物数量，第二行和第三行的值表示样本数量。

为了验证方法的可行性与准确性，实验选择拉斯维加斯数据，是为了评估提出的模型。从位置精度和数据完整性方面分析了 OSM 建筑物数据的质量(图 8-26)。与其他研究方法相比，大多数高分辨率遥感影像(如 WorldView、Quikbird 甚至是机载图像)比大规模地理空间矢量数据更容易获取，因此本方法可用于没有参考矢量数据集的某些区域。OSM 是一个流行的 VGI 项目，OSM 数据的质量由许多因素决定，这些因素都与质量分布图(图 8-26)的评估结果明显对应。

随着技术的发展，越来越多的卫星被发射，这使得获取高分辨率遥感影像变得更加容易。尽管一些卫星数据是商业数据，但仍然有许多免费的数据集，如 ISPRS 数据集、SPACENET 数据集，以及 DigitalGlobe 等部分影像产品样本。另外，包括谷歌地图和 Bing 地图在内的一些产品也可以视为数据源，所有这些数据集都有助于评价 OSM 数据的质量。

第9章 VGI 数据智能展望

VGI 数据质量评价研究是为了解决用户应用众源地理数据时的数据质量模糊问题，其难度主要体现在两个方面：一方面，评价方法不能够保证客观全面，使得用户并不能取得满足自己需求的数据；另一方面，参考数据的依赖性，一些地区无法获取到官方标准的矢量数据。本书以 OSM 建筑物数据为研究对象，顾及研究区内官方标准矢量数据的可用性，分别建立了评价模型。进行了建筑物对象-场景相似性度量框架构建、利用矢量参考数据基于深度自编码网络 OSM 建筑物数据质量综合评价、利用高分辨率遥感影像数据基于深度卷积神经网络 OSM 建筑物数据质量评价方法的研究，取得了一些成果，但也存在以下几个方面的问题需要进一步展开。

(1)随着遥感技术的发展，可以方便地获取到越来越多的高分辨率遥感影像，而城市地区的分类在城市基础设施、管理等实际应用中起重要的作用。该工作为提高高分辨率遥感影像分类性能提供了一种有效的方法。然而，一些被植物覆盖的建筑物的形状不能精确地被检测，且一些模糊和不规则的边界还是很难被识别。而且，本书所提出的方法无法提取一些建筑物的实际边缘(实际边界为直线，但基于高分辨率遥感影像提取结果往往是折线)，这使得很难根据建筑物的形状来评估其轮廓。未来，将深入学习研究如何在高分辨率遥感影像中提取更多形状信息的建筑物，并对 VGI 进行更全面的评估。

(2)VGI 不仅包含建筑物数据，还有道路、湖泊等其他要素类型，本书仅针对建筑物数据评价方法进行了系统的研究。如何从复杂且存在大量冗余的道路中提取主要道路，进而进行系统全面地 VGI 道路数据评估、如何利用高分辨率遥感影像提取道路并转换为参考数据从而实现 VGI 道路数据质量评价也是我们下一步的研究工作。

参 考 文 献

[1] 李清泉, 李德仁. 大数据 GIS. 武汉大学学报(信息科学版), 2014, 39(6): 641-644.

[2] 李德仁. 迎接地理信息产业与 IT 产业的大融合. 测绘地理信息, 2015, 40(5): 1-3.

[3] Heipke C. Crowdsourcing geospatial data. Isprs Journal of Photogrammetry and Remote Sensing, 2010, 65(6): 550-557.

[4] Goodchild M F. Citizens as sensors: The world of volunteered geography. GeoJournal, 2007, 69(4): 211-221.

[5] 罗路长. 自发地理信息与专业数据的转换、匹配及质量评价方法研究. 杭州: 东华理工大学, 2017.

[6] Doan A, Ramakrishnan R, Halevy A Y. Crowdsourcing systems on the world-wide web. Communications of the ACM, 2011, 54(4): 86-96.

[7] Goodchild M F, Li L N. Assuring the quality of volunteered geographic information. Spatial Statistics, 2012, 1: 110-120.

[8] Zook M, Graham M, Shelton T, et al.Volunteered geographic information and crowdsourcing disaster relief: A case study of the Haitian earthquake. World Medical & Health Policy, 2010, 2(2): 7-33.

[9] Goodchild M F, Glennon J A. Crowdsourcing geographic information for disaster response: A research frontier. International Journal of Digital Earth, 2010, 3(3): 231-241.

[10] Chehreghan A, Ali Abbaspour R. An evaluation of data completeness of VGI through geometric similarity assessment. International Journal of Image and Data Fusion, 2018, 9(4): 319-337.

[11] 孙益文. VGI及其在突发事件信息服务中的应用. 南京: 东南大学, 2017.

[12] 范红超, 孔格菲, 杨岸然. 众源地理信息研究现状与展望. 测绘学报, 2022, 51(7): 1653-1668.

[13] 柏延臣, 李新, 冯学智. 空间数据分析与空间模型. 地理研究, 1999, 18(2): 185-190.

[14] 史文中, 王树良. GIS 中属性不确定性的处理方法及其发展. 遥感学报, 2002, 6(5): 393-400.

[15] Huang K T, Lee Y W, Wang R Y. Quality Information and Knowledge. New York: Prentice Hall PTR, 1998.

[16] Wang R Y, Strong D M. Beyond accuracy: What data quality means to data consumers. Journal of Management Information Systems, 1996, 12(4): 5-33.

[17] 颜昌茂. 信息时代的数字资源质量评价研究. 甘肃科技, 2013, 29(3): 81-83.

[18] Goodchild M F. Fractals and the accuracy of geographical measures. Journal of the Internation Al Association for Mathematical Geology, 1980, 12: 85-98.

[19] 陈洪艳, 陈宜金, 游代安, 等. 基于扫描矢量化地图数据生产的数据质量控制. 测绘信息与工程, 2004, 29(4): 31-33.

[20] 蔡中祥. 基于 GIS 的长江河口空间决策支持研究. 上海: 华东师范大学, 2005.

[21] 曾衍伟. 空间数据质量控制与评价技术体系研究. 武汉: 武汉大学, 2004.

[22] Xu Y Y, Chen Z L, Xie Z, et al. Quality assessment of building footprint data using a deep autoencoder network. International Journal of Geographical Information Science, 2017, 31(10): 1929-1951.

[23] Fan H C, Zipf A, Fu Q, et al. Quality assessment for building footprints data on OpenStreetMap. International Journal of Geographical Information Science, 2014, 28(4): 700-719.

[24] Wang M, Li Q, Hu Q, et al. Quality analysis of open street map data. The International Archives of the Photogrammetry, Remote Sensing and Spatial Information Sciences, 2013, XL-2/W1(1): 155-158.

[25] 彭雨滕, 马林兵, 周博, 等. 自发地理信息研究热点分析. 世界地理研究, 2018, 27(1): 129-140.

[26] Haklay M. How good is volunteered geographical information? A comparative study of OpenStreetMap and ordnance survey datasets. Environment and Planning B: Planning and Design, 2010, 37(4): 682-703.

[27] Antoniou V, Skopeliti A. Measures and indicators of vgi quality: An overview. ISPRS Annals of the Photogrammetry, Remote Sensing and Spatial Information Sciences, 2015, II-3/W5(1): 345-351.

[28] Mooney P, Corcoran P. Characteristics of heavily edited objects in OpenStreetMap. Future Internet, 2012, 4(1): 285-305.

[29] Zhou Q. Exploring the relationship between density and completeness of urban building data in OpenStreetMap for quality estimation. International Journal of Geographical Information Science, 2018, 32(2): 257-281.

[30] Barron C, Neis P, Zipf A. A comprehensive framework for intrinsic OpenStreetMap quality analysis. Transactions in GIS, 2014, 18(6): 877-895.

[31] Al-Bakri M, Fairbairn D. Assessing similarity matching for possible integration of feature classifications of geospatial data from official and informal sources. International Journal of Geographical Information Science, 2012, 26(8): 1437-1456.

[32] Xu Y Y, Wu L, Xie Z, et al. Building extraction in very high resolution remote sensing imagery using deep learning and guided filters. Remote Sensing, 2018, 10(1): 144.

[33] Xu Y Y, Xie Z, Feng Y X, et al. Road extraction from high-resolution remote sensing imagery using deep learning. Remote Sensing, 2018, 10(9): 1461.

[34] 林安琪, 罗文庭, 吴浩. 志愿者地理信息的点线面数据质量评价及其关联特征挖掘.

(2023-11-02) [2023-02-17]. ch.whu.edu.cn/cn/article/doi/10.13203/j.whugis20230271.

[35] 孔琪. 面向众源街道的 OSM 路网数据质量分析. 青岛: 山东科技大学, 2020.

[36] Goodchild M F, Gopal S. The Accuracy of Spatial Databases. London: CRC Press, 1989.

[37] 史文中. 空间数据与空间分析不确定性原理. 2 版. 北京: 科学出版社, 2015.

[38] Zhou Q, Zhang Y H, Chang K, et al. Assessing OSM building completeness for almost 13000 cities globally. International Journal of Digital Earth, 2022, 15(1): 2400-2421.

[39] 杜道生, 王占宏, 马聪明. 空间数据质量模型研究. 中国图象图形学报, 2000, 5(7): 559-562.

[40] ZielstrA D, Zipf A. A comparative study of proprietary geodata and volunteered geographic information for Germany//International Conference on Geographic Information Science, Leipzig, 2010: 1-15.

[41] Jackson S, Mullen W, Agouris P, et al. Assessing completeness and spatial error of features in volunteered geographic information. ISPRS International Journal of Geo-Information, 2013, 2(2): 507-530.

[42] Kounadi O. Assessing the quality of OpenStreetMap data. London: University College London, 2009.

[43] Koukoletsos T, Haklay M, Ellul C. An automated method to assess data completeness and positional accuracy of OpenStreetMap//GeoComputation, London, 2011: 236-241.

[44] Mashhadi A, Quattrone G, Capra L.The impact of society on volunteered geographic information: The case of OpenStreetMap//OpenStreetMap in GIScience, Cham, 2015: 125-141.

[45] Arsanjani J J, Vaz E. An assessment of a collaborative mapping approach for exploring land use patterns for several European metropolises. International Journal of Applied Earth Observation and Geoinformation, 2015, 35: 329-337.

[46] Codescu M, Horsinka G, Kutz O, et al. OSMonto-an ontology of OpenStreetMap tags//State of the Map Europe, Berlin, 2011: 23-24.

[47] Vandecasteele A, Devillers R. Improving volunteered geographic information quality using a tag recommender system: The case of OpenStreetMap//OpenStreetMap in GIScience, Cham, 2015: 59-80.

[48] Goodchild M F, Hunter G J. A simple positional accuracy measure for linear features. International Journal of Geographical Information Science, 1997, 11(3): 299-306.

[49] Kalantari M, La V. Assessing OpenStreetMap as an open property map//OpenStreetMap in GIScience, Cham, 2015: 255-272.

[50] Antoniou V, Morley J, Haklay M. Web 2.0 geotagged photos: Assessing the spatial dimension of the phenomenon//Geomatica, London, 2010: 99-110.

[51] Stark H J. Quality assessment of volunteered geographic information (VGI) based on open web

map services and ISO//Technical Committee, Barcelona, 2010: 28-30.

[52] Antoniou V. User generated spatial content: An analysis of the phenomenon and its challenges for mapping agencies. London: University College London, 2011.

[53] Arsanjani J J, Barron C, Bakillah M, et al. Assessing the quality of OpenStreetMap contributors together with their contributions//Proceedings of the AGILE, Leuven, 2013: 14-17.

[54] Arsanjani J J, Mooney P, Zipf A, et al. Quality assessment of the contributed land use information from OpenStreetMap versus authoritative datasets. OpenStreetMap in GIScience, 2015, 1: 37-58.

[55] ISO. ISO 19157: 2013 Geographic information-Data quality. Geneva: ISO, 2013.

[56] Girres J F, Touya G. Quality assessment of the French OpenStreetMap dataset. Transactions in GIS, 2010, 14(4): 435-459.

[57] Keßler C, De Groot R T A.Trust as a proxy measure for the quality of volunteered geographic information in the case of OpenStreetMap//Geographic Information Science at the Heart of Europe, Leuven, 2013: 21-37.

[58] Van Exel M, Dias E, Fruijtier S.The impact of crowdsourcing on spatial data quality indicators// Proceedings of the GIScience 2010 Doctoral Colloquium, Heidelberg, 2010: 14-17.

[59] Elwood S.Volunteered geographic information: Key questions, concepts and methods to guide emerging research and practice. GeoJournal, 2008, 72(3-4): 133-135.

[60] Mullen W F, Jackson S P, Croitoru A. Assessing the impact of demographic characteristics on spatial error in volunteered geographic information features. GeoJournal, 2015, 80(4): 587-605.

[61] Haklay M M, Basiouka S, Antoniou V, et al. How many volunteers does it take to map an area well? The validity of Linus' law to volunteered geographic information. The Cartographic Journal, 2010, 47(4): 315-322.

[62] O'reilly T. What is web 2.0? Design patterns and business models for the next generation of software//Communications & Strategies, San Francisco, 2007, (1): 17.

[63] 朱富晓, 王艳慧. 多层次多粒度 OSM 路网目标数据质量综合评估方法研究. 地球信息科学学报, 2017, 19(11): 1422-1432.

[64] Bruns H T, Egenhofer M. Similarity of spatial scenes//Seventh International Symposium on Spatial Data Handling, Delft, 1996: 31-42.

[65] Hashemi P, Ali Abbaspour R. Assessment of logical consistency in OpenStreetMap based on the spatial similarity concept. OpenStreetMap in GIScience, 2015: 19-36.

[66] Kainz W. Logical consistency//Guptill S C, Morrison J L. Elements of Spatial Data Quality. Oxford: Pergamon, 1995: 109-137.

[67] 陈占龙, 冯齐奇, 吴信才. 复合面状对象拓扑关系的表达模型. 测绘学报, 2015, 44(4): 438-444.

[68] Egenhofer M J, Sharma J. Topological relations between regions in ρ2 and ℤ2. International Symposium on Spatial Databases, 1993: 316-336.

[69] 陈占龙, 周林, 龚希, 等. 基于方向关系矩阵的空间方向相似性定量计算方法. 测绘学报, 2015, 44(7): 813-821.

[70] Goyal R K, Egenhofer M J. Similarity of cardinal directions//International Symposium on Spatial and Temporal Databases, Berlin, 2001: 36-55.

[71] Xu Y Y, Xie Z, Chen Z L, et al. Shape similarity measurement model for holed polygons based on position graphs and Fourier descriptors. International Journal of Geographical Information Science, 2017, 31(2): 253-279.

[72] 吴朝阳, 刘长青. 机器视觉在工件检测中的图像处理方法. 科技展望, 2014, 24(18): 140-141.

[73] 刘峰. 高精度惯性定位定向/地图信息匹配导航技术研究. 长沙: 国防科技大学, 2019.

[74] 冯祥卫, 冯大政, 侯瑞利. 高斯形状上下文描述子. 西安电子科技大学学报, 2016, 43(4): 45-50.

[75] 潘柔. 矢量面状地物的空间场景相似性计算方法研究. 西安: 长安大学, 2015.

[76] 黄文骞. 数字地图符号的形状描述与识别. 测绘学报, 1999, 28(3): 233-238.

[77] 王涛, 刘文印, 孙家广, 等. 傅立叶描述子识别物体的形状. 计算机研究与发展, 2002, 39(12): 1714-1719.

[78] 艾廷华, 帅赟, 李精忠. 基于形状相似性识别的空间查询. 测绘学报, 2009, 38(4): 356-362.

[79] El-ghazal A, Basir O, Belkasim S. Farthest point distance: A new shape signature for Fourier descriptors. Signal Processing: Image Communication, 2009, 24(7): 572-586.

[80] Bartolini I, Ciaccia P, Patella M. WARP: Accurate retrieval of shapes using phase of Fourier descriptors and time warping distance. IEEE Transactions on Pattern Analysis and Machine Intelligence, 2005, 27(1): 142-147.

[81] Alajlan N, El Rube I, Kamel M S, et al. Shape retrieval using triangle-area representation and dynamic space warping. Pattern Recognition, 2007, 40(7): 1911-1920.

[82] Aguado A S, Nixon M S, Montiel M E. Parameterizing arbitrary shapes via Fourier descriptors for evidence-gathering extraction. Computer Vision and Image Understanding, 1998, 69(2): 202-221.

[83] Arbter K, Snyder W E, Burkhardt H, et al. Application of affine-invariant Fourier descriptors to recognition of 3-D objects. IEEE Transactions on Pattern Analysis and Machine Intelligence, 1990, 12(7): 640-647.

[84] Derrode S, Daoudi M, Ghorbel F. Invariant content-based image retrieval using a complete set of Fourier-Mellin descriptors//International Conference on Multimedia Computing and Systems, New York, 1999: 877-881.

[85] Reddy B S, Chatterji B N. An FFT-based technique for translation, rotation, and scale-invariant

image registration. IEEE Transactions on Image Processing: A Publication of the IEEE Signal Processing Society, 1996, 5(8): 1266-1271.

[86] Kauppinen H, Seppanen T, Pietikainen M. An experimental comparison of autoregressive and Fourier-based descriptors in 2D shape classification. IEEE Transactions on Pattern Analysis and Machine Intelligence, 1995, 17(2): 201-207.

[87] Zhang D S, Lu G J. Study and evaluation of different Fourier methods for image retrieval. Image and Vision Computing, 2005, 23(1): 33-49.

[88] Latecki L J, Lakämper R. Application of planar shape comparison to object retrieval in image databases. Pattern Recognition, 2002, 35(1): 15-29.

[89] 张大昕, 石玲, 张殿新, 等. 复杂建筑物风环境数值模拟分析. 沈阳建筑大学学报(自然科学版), 2011, 27(4): 731-736.

[90] 王勇, 罗安, 王慧慧, 等. 复杂建筑物最短邻近线多边形聚合法. 测绘学报, 2021, 50(12): 1671-1682.

[91] 沈敬伟, 周廷刚, 朱晓波. 面向带洞面状对象间的拓扑关系描述模型. 测绘学报, 2016, 45(6): 722-730.

[92] Kaplansk Y I, Berberian S K, Blattner R. Rings of Operators. New York: W.A. Benjamin, 1968.

[93] Shi Q, Liu X P, Li X. Road detection from remote sensing images by generative adversarial networks. IEEE Access, 2018, 6: 25486-25494.

[94] 安晓亚, 孙群, 肖强, 等. 一种形状多级描述方法及在多尺度空间数据几何相似性度量中的应用[J]. 测绘学报, 2011, 40(4): 495-501.

[95] Deng M, Li Z L, Chen X Y. Extended Hausdorff distance for spatial objects in GIS. International Journal of Geographical Information Science, 2007, 21(4): 459-475.

[96] 刘涛. 空间群(组)目标相似关系及计算模型研究. 测绘学报, 2013, 42(4): 629.

[97] Serra J P. Image Analysis and Mathematical Morphology. New York: Academic Press, 1983.

[98] Kuhn H. The Hungarian method for the assignment problem. Naval Research Logistics Quarterly, 1955, 2(1-2): 83-97.

[99] Kim H K, Kim J D. Region-based shape descriptor invariant to rotation, scale and translation. Signal Processing: Image Communication, 2000, 16(1-2): 87-93.

[100] Lu G J, Sajjanhar A. Region-based shape representation and similarity measure suitable for content-based image retrieval. Multimedia Systems, 1999, 7(2): 165-174.

[101] Jiang X, Bunke H. Simple and fast computation of moments. Pattern Recognition, 1991, 24(8): 801-806.

[102] Fu Z L, Fan L, Yu Z Q, et al. A moment-based shape similarity measurement for areal entities in geographical vector data. ISPRS International Journal of Geo-Information, 2018, 7(6): 208.

[103] Zhao D B, Tian H E, Zhang K. Shape contour description and matching method based on

complex moments. Engineering Science Edition, 2011, 43(2): 109-115.

[104] Gong X Y, Wu F. A typification method for linear pattern in urban building generalisation. Geocarto International, 2018, 33(2): 189-207.

[105] Basaraner M, Cetinkaya S. Performance of shape indices and classification schemes for characterising perceptual shape complexity of building footprints in GIS. International Journal of Geographical Information Science, 2017, 31(10): 1952-1977.

[106] Zhang X, Ai T H, Stoter J. The evalutation of spatial distribution density in map generalization// International Society for Photogrammetry and Remote Sensing, Vienna, 2008: 181-187.

[107] Batty M. The size, scale, and shape of cities. Science, 2008, 319(5864): 769-771.

[108] Neculoiu P, Versteegh M, Rotaru M. Learning text similarity with Siamese recurrent networks// Workshop on Representation Learning for NLP, Berlin, 2016: 148-157.

[109] Chicco D. Siamese neural networks: An overview. Artificial Neural Networks, 2021: 73-94.

[110] Yan J C, Yin X C, Lin W Y, et al. A short survey of recent advances in graph matching// International Conference on Multimedia Retrieval, New Orleans, 2016: 167-174.

[111] Wang R Z, Yan J C, Yang X K. Learning combinatorial embedding networks for deep graph matching//International Conference on Computer Vision, Beijing, 2019: 3056-3065.

[112] Sarlin P E, DeTone D, Malisiewicz T, et al. SuperGlue: Learning feature matching with graph neural networks//Conference on Computer Vision and Pattern Recognition, Seattle, 2020: 4937-4946.

[113] Yan H W, Weibel R, Yang B S. A multi-parameter approach to automated building grouping and generalization. Geoinformatica, 2008, 12(1): 73-89.

[114] 艾廷华, 郭仁忠. 基于格式塔识别原则挖掘空间分布模式. 测绘学报, 2007, 36(3): 302-308.

[115] Paiva J A D C. Topological equivalence and similarity in multi-representation geographic databases. Orono: The University of Maine, 1998.

[116] Yan X F, Ai T H, Yang M, et al. A graph convolutional neural network for classification of building patterns using spatial vector data//ISPRS Journal of Photogrammetry and Remote Sensing, Montréal, 2019, 150: 259-273.

[117] Hamilton W L, Ying R, Leskovec J. Inductive representation learning on large graphs. Advances in Neural Information Processing Systems, 2017, 30: 1024-1034.

[118] Xu K, Hu W H, Leskovec J, et al. How powerful are graph neural networks?. (2019-02-22) [2018-10-01]. https://arxiv.org/abs/1810.00826.

[119] 王云阁, 郭黎, 李豪, 等. 一种基于改进 TDD 模型的空间场景相似性度量方法. 测绘科学技术学报, 2021, 38(3): 309-315.

[120] Nedas K A, Egenhofer M. Spatial-scene similarity queries. Transactions in GIS, 2008, 12(6):

661-681.

[121] Buck A R, Keller J M, Skubic M. A memetic algorithm for matching spatial configurations with the histograms of forces. IEEE Transactions on Evolutionary Computation, 2012, 17(4): 588-604.

[122] Wang C X, Stefanidis A, Agouris P. Spatial content-based scene similarity assessment. ISPRS Journal of Photogrammetry and Remote Sensing, 2012, 69: 103-120.

[123] He B B, Wang D, Chen C H. A novel method for mineral prospectivity mapping integrating spatial-scene similarity and weights-of-evidence. Earth Science Informatics, 2015, 8(2): 393-409.

[124] Chipofya M C, Schultz C, Schwering A. A metaheuristic approach for efficient and effective sketch-to-metric map alignment. International Journal of Geographical Information Science, 2016, 30(2): 405-425.

[125] Fogliaroni P, Weiser P, Hobel H. Qualitative spatial configuration search. Spatial Cognition & Computation, 2016, 16(4): 272-300.

[126] 李朋朋, 刘纪平, 闫浩文, 等. 基于方向关系矩阵的空间方向相似性计算改进模型. 测绘科学技术学报, 2018, 35(2): 216-220.

[127] 江坤, 王中辉. 锥形模型的面群方向关系相似性度量方法. 测绘科学, 2022, 47(6): 7.

[128] 姜晶莉, 郭黎, 李豪, 等. 面向空间关联的多源矢量数据空间实体匹配方法. 测绘科学, 2020, 45(4): 183-191.

[129] Xing R X, Wu F, Gong X Y, et al. An axis-matching approach to combined collinear pattern recognition for urban building groups. Geocarto International, 2022, 37(16): 4823-4842.

[130] Yang M, Ai T H, Yan X F, et al. A map-algebra-based method for automatic change detection and spatial data updating across multiple scales. Transactions in GIS, 2018, 22(2): 435-454.

[131] Mustière S, Devogele T. Matching networks with different levels of detail. GeoInformatica, 2008, 12(4): 435-453.

[132] Tong X H, Liang D, Jin Y M. A linear road object matching method for conflation based on optimization and logistic regression. International Journal of Geographical Information Science, 2014, 28(4): 824-846.

[133] Li L, Goodchild M F. Automatically and accurately matching objects in geospatial datasets. Advances in Geo-Spatial Information Science, 2012, 10: 71-79.

[134] Li L N, Goodchild M F. An optimisation model for linear feature matching in geographical data conflation. International Journal of Image and Data Fusion, 2011, 2(4): 309-328.

[135] Lei T L, Wang R R. Conflating linear features using turning function distance: A new orientation-sensitive similarity measure. Transactions in GIS, 2021, 25(3): 1249-1276.

[136] 汪汇兵, 唐新明, 邱博, 等. 运用多算子加权的面要素几何匹配方法. 武汉大学学报(信息

科学版), 2013, 38(10): 1243-1247.

[137] Zhang X, Zhao X, Molenaar M, et al. Pattern classification approaches to matching building polygons at multiple scales. Copernicus GmbH, 2012, 1-2(1): 19-24.

[138] 陈利燕, 张新长, 林鸿, 等. 跨比例尺新旧居民地目标变化分析与决策树识别. 测绘学报, 2018, 47(3): 403-412.

[139] Huh Y, Yu K, Heo J. Detecting conjugate-point pairs for map alignment between two polygon datasets. Computers, Environment and Urban Systems, 2011, 35(3): 250-262.

[140] Ruiz-Lendínez J, Ureña-Cámara M, Ariza-López F. A polygon and point-based approach to matching geospatial features. ISPRS International Journal of Geo-Information, 2017, 6(12): 399.

[141] Sun K, Hu Y J, Song J, et al. Aligning geographic entities from historical maps for building knowledge graphs. International Journal of Geographical Information Science, 2021, 35(10): 2078-2107.

[142] 行瑞星, 武芳, 巩现勇, 等. 建筑群组合直线模式识别的模板匹配方法. 测绘学报, 2021, 50(6): 800-811.

[143] 孟妮娜, 冯建华, 贾钰涵. 面状居民地聚类方法的对比分析. 测绘地理信息, 2023, 48(3): 116-120.

[144] Pilehforooshha P, Karimi M. A local adaptive density-based algorithm for clustering polygonal buildings in urban block polygons. Geocarto International, 2020, 35(2): 141-167.

[145] 蔡娇楠. 顾及格式塔原则的街区建筑物 MST 聚类. 西安: 长安大学, 2018.

[146] 巩现勇, 方圆. 居民地聚类分析算法适应性对比研究. 测绘工程, 2020, 29(5): 1-7.

[147] Samal A, Seth S, Cueto K. A feature-based approach to conflation of geospatial sources. International Journal of Geographical Information Science, 2004, 18(5): 459-489.

[148] 晏雄锋, 艾廷华, 杨敏, 等. 地图空间形状认知的自编码器深度学习方法. 测绘学报, 2021, 50(6): 757-765.

[149] 艾廷华, 郭仁忠, 陈晓东. Delaunay 三角网支持下的多边形化简与合并. 中国图象图形学报, 2001, 6(7): 703-709.

[150] 郭仁忠, 艾廷华. 制图综合中建筑物多边形的合并与化简. 武汉测绘科技大学学报, 2000, 25(1): 25-30.

[151] 王辉连, 武芳, 王宝山, 等. 用于数字地图自动综合的多边形合并算法. 测绘工程, 2005, 14(3): 15-18.

[152] Graham R L. An efficient algorithm for determining the convex hull of a finite planar set. Information Processing Letters, 1972, 1(4): 73-82.

[153] 刘凌佳, 朱道也, 朱欣焰, 等. 基于 MBR 组合优化算法的多尺度面实体匹配方法. 测绘学报, 2018, 47(5): 652-662.

[154] 张新长, 孙颖, 黄健锋, 等. 多尺度空间数据联动更新技术研究及其应用. 北京: 科学出版社, 2021.

[155] Li Y J. A clustering algorithm based on maximal θ-distant subtrees. Pattern Recognition, 2007, 40(5): 1425-1431.

[156] Zhang X, Ai T H, Stoter J. Characterization and detection of building patterns in cartographic data: Two algorithms. Remote Sensing and Spatial Information Science, 2017, 38(2): 93-107.

[157] Forghani M, Delavar M. A quality study of the OpenStreetMap dataset for Tehran. ISPRS International Journal of Geo-Information, 2014, 3(2): 750-763.

[158] Ludwig I, Voss A, Krause-Traudes M. A comparison of the street networks of Navteq and OSM in germany//Geertman S, Reinhardt W, Toppen F. Advancing Geoinformation Science for a Changing World. Heidelberg: Springer, 2011: 65-84.

[159] Fairbairn D, Al-Bakri M. Using geometric properties to evaluate possible integration of authoritative and volunteered geographic information. ISPRS International Journal of Geo-Information, 2013, 2(2): 349-370.

[160] Corcoran P, Mooney P. Characterising the metric and topological evolution of OpenStreetMap network representations. The European Physical Journal Special Topics, 2013, 215(1): 109-122.

[161] Fiore U, Palmieri F, Castiglione A, et al. Network anomaly detection with the restricted Boltzmann machine. Neurocomputing, 2013, 122: 13-23.

[162] Sahasrabudhe M, Namboodiri A M. Learning fingerprint orientation fields using continuous restricted Boltzmann machines//Asian Conference on Pattern Recognition, Naha, 2013: 351-355.

[163] Murray A F. Novelty detection using products of simple experts—A potential architecture for embedded systems. Neural Networks, 2001, 14(9): 1257-1264.

[164] Hinton G E. A practical guide to training restricted Boltzmann machines. Momentum, 2010, 9(1): 926-947.

[165] Hinton G E, Salakhutdinov R R. Reducing the dimensionality of data with neural networks. Science, 2006, 313(5786): 504-507.

[166] Chen H, Murray A F. Continuous restricted Boltzmann machine with an implementable training algorithm. IEE Proceedings-Vision, Image, and Signal Processing, 2003, 150(3): 153-158.

[167] Hinton G E. Training products of experts by minimizing contrastive divergence. Neural Computation, 2002, 14(8): 1771-1800.

[168] Bengio Y. Learning deep architectures for AI. Foundations and Trends® in Machine Learning, 2009, 2(1): 1-127.

[169] Valentine A P, Trampert J. Data space reduction, quality assessment and searching of seismograms: Autoencoder networks for waveform data. Geophysical Journal International, 2012, 189(2): 1183-1202.

[170] Goetz M, Zipf A. Towards defining a framework for the automatic derivation of 3D CityGML models from volunteered geographic information. International Journal of 3-D Information Modeling, 2012, 1(2): 1-16.

[171] Fisher P F, Comber A J, Wadsworth R A. Approaches to Uncertainty in Spatial Data. Washington: International Society for Technology in Education, 2006.

[172] Sun J W, Steinecker A, Glocker P. Application of deep belief networks for precision mechanism quality inspection//International Precision Assembly Seminar, Heidelberg, 2014: 87-93.

[173] Rutzinger M, Rottensteiner F, Pfeifer N. A comparison of evaluation techniques for building extraction from airborne laser scanning. IEEE Journal of Selected Topics in Applied Earth Observations and Remote Sensing, 2009, 2(1): 11-20.

[174] Roick O, Hagenauer J, Zipf A. OSMatrix-grid-based analysis and visualization of OpenStreetMap//State of the Map Conference, Heidelberg, 2011: 14-26.

[175] Larochelle H, Bengio Y, Louradour J, et al. Exploring strategies for training deep neural networks. Journal of Machine Learning Research, 2009, 1(10): 1-40.

[176] Zheng S D, Zheng J H. Assessing the completeness and positional accuracy of OpenStreetMap in China//Bandrova T, Konecny M, Zlatanova S, et al. Thematic Cartography for the Society. Cham: Springer, 2014: 171-189.

[177] Dorn H, Törnros T, Zipf A. Quality evaluation of VGI using authoritative data—A comparison with land use data in southern Germany. ISPRS International Journal of Geo-Information, 2015, 4(3): 1657-1671.

[178] Neis P, Zielstra D. Recent developments and future trends in volunteered geographic information research: The case of OpenStreetMap. Future Internet, 2014, 6(1): 76-106.

[179] Hung K C, Kalantari M, Rajabifard A. Methods for assessing the credibility of volunteered geographic information in flood response: A case study in Brisbane, Australia. Applied Geography, 2016, 68: 37-47.

[180] Paisitkriangkrai S, Sherrah J, Janney P, et al. Semantic labeling of aerial and satellite imagery. IEEE Journal of Selected Topics in Applied Earth Observations and Remote Sensing, 2016, 9(7): 2868-2881.

[181] Kampffmeyer M, Salberg A B, Jenssen R. Semantic segmentation of small objects and modeling of uncertainty in urban remote sensing images using deep convolutional neural networks//Conference on Computer Vision and Pattern Recognition Workshops, Las Vegas,

2016: 680-688.

[182] Fu G, Liu C J, Zhou R, et al. Classification for high resolution remote sensing imagery using a fully convolutional network. Remote Sensing, 2017, 9(5): 498.

[183] Audebert N, Le Saux B, Lefèvre S. Semantic segmentation of earth observation data using multimodal and multi-scale deep networks//Asian Conference on Computer Vision, Taipei, 2016: 180-196.

[184] Marmanis D, Schindler K, Wegner J D, et al. Classification with an edge: Improving semantic image segmentation with boundary detection. ISPRS Journal of Photogrammetry and Remote Sensing, 2018, 135: 158-172.

[185] Simonyan K, Zisserman A. Very deep convolutional networks for large-scale image recognition. (2015-09-10)[2014-09-15]. https://arxiv.org/abs/1409.1556.

[186] Lagrange A, Le Saux B, Beaupere A, et al. Benchmarking classification of earth-observation data: From learning explicit features to convolutional networks//International Geoscience and Remote Sensing Symposium, Milan, 2015: 4173-4176.

[187] He K M, Zhang X Y, Ren S Q, et al. Deep residual learning for image recognition//Conference on Computer Vision and Pattern Recognition, Las Vegas, 2016: 770-778.

[188] Ronneberger O, Fischer P, Brox T. U-Net: Convolutional networks for biomedical image segmentation//Medical Image Computing and Computer-Assisted Intervention, Munich, 2015: 234-241.

[189] Krizhevsky A, Sutskever I, Hinton G E. ImageNet classification with deep convolutional neural networks. Communications of the ACM, 2017, 60(6): 84-90.

[190] Lin T Y, Dollár P, Girshick R, et al. Feature pyramid networks for object detection//Conference on Computer Vision and Pattern Recognition, Honolulu, 2017: 2117-2125.

[191] Shelhamer E, Long J, Darrell T. Fully convolutional networks for semantic segmentation. IEEE Transactions on Pattern Analysis and Machine Intelligence, 2017, 39(4): 640-651.

[192] He K M, Sun J, Tang X O. Guided image filtering. IEEE Transactions on Pattern Analysis and Machine Intelligence, 2012, 35(6): 1397-1409.

[193] Pritika, Budhiraja S. Multimodal medical image fusion using modified fusion rules and guided filter//International Conference on Computing, Communication & Automation, Greater Noida, 2015: 1067-1072.

[194] Wang H Z, Wang Y, Zhang Q, et al. Gated convolutional neural network for semantic segmentation in high-resolution images. Remote Sensing, 2017, 9(5): 446.